"十四五"职业教育国家规划教材

电子电器应用与维修概论

DIANZI DIANQI YINGYONG YU WEIXIU GAILUN

（第3版）

程　周　孙启法　主编

中国教育出版传媒集团
高等教育出版社·北京

内容简介

本书是“十四五”职业教育国家规划教材，根据当前职业教育教学改革实际需求，并参考有关的职业资格证书、职业技能等级证书修订。

本书主要内容包括了解电子电器产品、典型日用电器产品的使用与维护、音视频电器的使用与维护以及办公自动化产品的使用与维护。

本书适合作为中等职业学校电子电器应用与维修专业教材，也可作为社会培训用书。

图书在版编目（CIP）数据

电子电器应用与维修概论 / 程周，孙启法主编. --3 版. --北京：高等教育出版社，2017.2（2024.9 重印）
电子电器应用与维修专业
ISBN 978-7-04-046225-8

Ⅰ. ①电… Ⅱ. ①程… ②孙… Ⅲ. ①电子器件-维修-中等专业学校-教材②日用电气器具-维修-中等专业学校-教材 Ⅳ. ①TN07②TM925.07

中国版本图书馆 CIP 数据核字（2016）第 199479 号

策划编辑 李 刚　责任编辑 李 刚　封面设计 李树龙　版式设计 童 丹
责任校对 刘娟娟　责任印制 存 怡

出版发行	高等教育出版社	网　　址	http://www.hep.edu.cn
社　　址	北京市西城区德外大街 4 号		http://www.hep.com.cn
邮政编码	100120	网上订购	http://www.hepmall.com.cn
印　　刷	北京市密东印刷有限公司		http://www.hepmall.com
开　　本	787mm×1092mm 1/16		http://www.hepmall.cn
印　　张	10.5	版　　次	2002 年 7 月第 1 版
字　　数	220 千字		2017 年 2 月第 3 版
购书热线	010-58581118	印　　次	2024 年 9 月第 4 次印刷
咨询电话	400-810-0598	定　　价	21.80 元

本书如有缺页、倒页、脱页等质量问题，请到所购图书销售部门联系调换

物 料 号 46225-B0

· 前言 ·

本书是“十四五”职业教育国家规划教材，根据当前职业教育教学改革实际需求，并参考有关的职业资格证书、职业技能等级证书修订。

电子电器行业是近年来发展最为迅猛的行业之一，其产品的数量和质量都得到极大提高。本课程是中等职业学校电子电器应用与维修专业的专业核心课程，是本专业的入门课程。通过本课程的学习，可以使学生了解日用电器（荧光灯、电饭锅、电磁炉、洗衣机、微波炉、电冰箱、空调器）、音视频电器（收音机、录音笔、电视机、DVD 影碟机、数码相机、播放器）、办公自动化产品（个人计算机、复印机、打印机、多功能一体机、电话机、传真机、扫描仪、投影仪）等电子电器的现状和发展趋势，掌握常用电子电器的种类、型号以及使用与维护。

本书针对基础相对薄弱的中职学生，把握概论课程注重感性认识、对基础知识要求较低、易于接受的课程特点，帮助学生宏观了解该专业，拓宽知识面，增加教学内容的信息量，并激发学习兴趣，建立学习的信心，为学好专业开一个好头，使学生在今后的工作中，具有较强的岗位群适应能力，从而有助于学生的可持续发展。同时，通过对本书的学习，既加深对电子电器行业的了解，又加强对学生的爱国主义教育，从电子电器技术发展轨迹中看到我国科学技术迅猛发展的过程。

本书贯彻党的二十大精神，体现党的教育方针，落实立德树人根本任务，深入挖掘思政教育元素，与教学内容紧密结合，适应现代职业教育的特点和规律，体现职业教育教学改革的理念和成果，主要具有以下特点：

（1）注意把握好“宏观了解、注重应用、开阔视野”的原则，处理好与后续各专业课的关系。“宏观了解”指注重从宏观上了解电子电器各类产品的作用、性能、型号、使用与维护方法，对于它们具体的工作过程和故障处理的分析，应放在专业课程中进行，本书只起概括性初步介绍的作用，使学生在完成学习后，对该专业的知识目标、能力目标以及总体的知识结构，有一个明确的认知，以便进行后续专业学习。涉及基础理论知识，宜“浅”不宜“深”，以“了解”层次为主体。“注重应用”指不片面强调系统性，将应用性放在首要位置，通过本书的学习，为基本技能的掌握建立初步概念，为基本技能的提高打下基础。“开阔视野”指在学习好基本知识、技能的基础上，把握现代科学技术发展的脉络，在教与学的过程中，注意适当吸收新知识、新技术，如智能洗衣机、数字电视、DVD 技术、高配置的个人计算机等，使学生对该专业技术发展方向有一个相对明确的了解。

（2）本书改变了传统教材的以知识为核心、以讲读为重点的旧模式，根据教学基本要求，按模块组合编写，使教材具有弹性，扩大知识覆盖面。

(3) 注重逻辑性。本书在内容的组织与编排、结构设计上，既考虑符合认知规律，又着眼于专业岗位群的规范要求。

(4) 体现典型性。本书选择的洗衣机、电视机、DVD 影碟机、个人计算机、复印机、打印机、电话机、传真机等典型产品都与生产生活联系密切，有较强的代表性。

(5) 考虑灵活性。针对电子电器产品不断发展、新产品大量涌现的情况，本书按教学基本要求的规定可安排 10%的机动学时，供教师根据实际情况做出相应的知识补充，以满足科技进步对人才的需要，使本书在使用时既有章可循，又能发挥师生的主观能动性。

本书的参考学时如下：

序　号	教学内容	参考学时
1	了解电子电器产品	2
2	典型日用电器产品的使用与维护	13
3	音视频电器的使用与维护	11
4	办公自动化产品的使用与维护	10
合计		36

本书的主编和参编人员，长期从事中等职业学校教学工作，积累了丰富的教学经验，具有较强的实践能力和研究开发能力，熟悉电子电器应用与维修专业及相关专业、行业，为教材编写工作提供了坚实的基础。

本书由安徽省职业技术学院程周、日照市农业学校孙启法主编，日照市农业学校林凡东参加了本书的编写工作。山东省家电行业协会对本书编写提出了许多宝贵意见，在此表示衷心感谢！

由于编者水平有限，时间仓促，书中难免存在错误和疏漏，恳请读者批评指正，读者意见反馈邮箱：zz_dzyj@ pub. com. cn。

编　者

2023 年 8 月

· 目录 ·

· 1 了解电子电器产品 ·

场景描述：

小明的爸爸新开了一家电器超市，想让小明按照电子电器类别规划货品摆放区域，并对各种电子电器按照日用电器产品、音视频电器产品、办公自动化设备进行归类，小明想到以前学过相关的内容，马上找出教材认真研究起来。

1.1 电子电器产品分类

应知应会：

1. 了解电子电器产品的分类方法。
2. 会对电子电器产品进行分类。

电子电器产品种类繁多，主要包括三大模块：日用电器产品、音视频电器产品、办公自动化设备，如图 1.1 所示。

实际上，目前电子电器产品种类繁多，初步统计不少于 300 种，其规格、款式有成千上万种。对它们的分类，尚无统一的方法。目前较为流行的分类方法一种是按工作原理分类，这种分类方法适用于学术研究和专业化生产；另一种是按用途分类，这种分类方法适用于经营部门和用户选购的需要。

1. 按工作原理分类

这种分类方法主要是依据电器能量或信号转换方式，通常分为表 1.1 所示的几类。

表 1.1 电子电器产品按工作原理分类

序号	类别	能量或信号转换方式	典型产品
1	电动器具	把电能转换成机械能，由电动机带动工作部件完成规定作业	洗衣机、电风扇、电动剃须刀、吸尘器
2	电热器具	借助电热元件完成电-热转换，实现加热功能	电熨斗、远红外取暖器、电饭锅、电烤箱

续表

序号	类　　别	能量或信号转换方式	典型产品
3	制冷器具	以电能为动力，通过介质实现制冷效果	电冰箱、空调器、冷饮器
4	照明器具	将电能转换成光能	白炽灯、荧光灯等各种灯具
5	电子器具	通过电路或器件把电能转换成声能和视像	收音机、录音笔、电视机、数码相机、DVD 影碟机

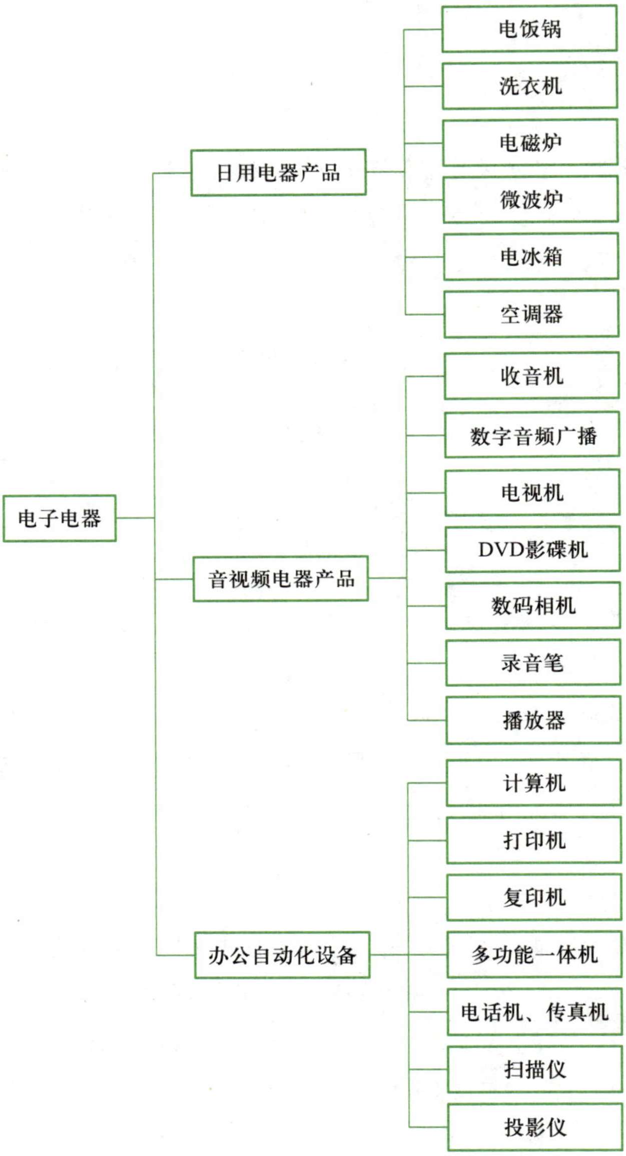

图 1.1　电子电器产品分类

2. 按用途分类

这种分类方式通常分为表 1.2 所示的几类。

表 1.2　电子电器产品按用途分类

序号	类　别	典型产品
1	声像器具	收音机、电视机、摄像机、游戏机、电子琴
2	空调器具	空调器、去湿机、超声波加湿器、排气扇、抽油烟机、电风扇
3	取暖器具	电热毯、电暖炉、电热鞋、电护手、电暖器
4	冷冻器具	电冰箱、电冰柜、冰淇淋机、冷藏柜、冷饮器、刨冰机、冰棒机
5	清洁器具	洗衣机、干衣机、擦鞋机、电熨斗、电子消毒柜
6	整容器具与保健器具	电吹风机、电热梳、电动剃须刀、电动按摩器、助听器、电驱蚊器
7	厨房器具	多功能食品加工机、绞肉机、电饭锅、电磁炉、微波炉、洗碗机
8	照明器具	台灯、壁灯、吊灯、射灯、节能灯
9	电动工具	电钻、电刨机
10	计时、计算器具	电子表、计算器、电子记事本
11	其他	电动缝纫机、电动割草机、电子锁、电动防盗系统

1.2　电子电器产品型号命名方法

应知应会：

1. 了解电子电器产品型号命名的方法。
2. 能够说出电子电器产品型号的含义。

我国已对一些电子电器的型号命名做了统一规定，所谓产品型号，是指用字母、数字等表示产品形式、规格的一种符号。例如，XPB-1.5，即表示普通波轮洗衣机，每次可洗 1.5 kg 衣物。

电子电器产品型号命名是将产品型号用两个部分表示，即主体部分和附加部分。主体部分包括产品的名称、形式代号和规格代号，附加部分为生产单位改进设计的代号。主体部分和附加部分之间留一字的空位，以示区别。

产品型号表示方法如下：

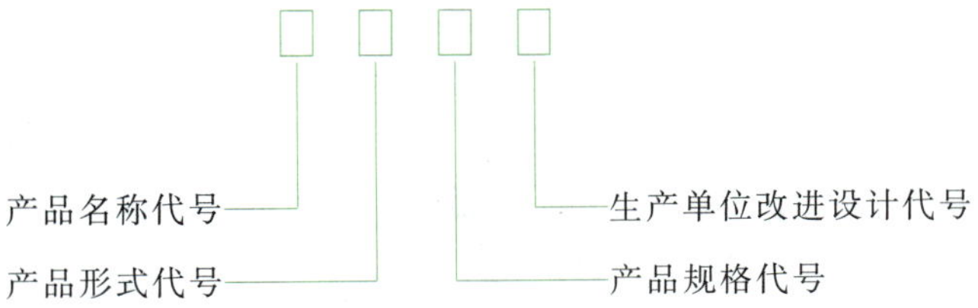

(1) 产品名称代号用来表示产品的名称，用代表该产品名称典型特征汉字的汉语拼音首位字母表示，所用字母应大写，且不多于1个，字母的含义在产品标准中做出规定。

(2) 产品形式是为表示产品主要结构、功能不同所划分的类别。例如，洗衣机按其结构特征的不同，可分为波轮式、搅拌式、滚筒式等。产品形式代号表示其结构、功能典型特征，用汉字的汉语拼音首位字母表示。例如，波轮式、搅拌式、滚筒式洗衣机可分别用汉语拼音大写字母B、J和G表示；普通型、半自动型、全自动型洗衣机，可分别用字母P、B、Q表示。按规定，在用上述字母不足以表达主要结构、功能时，可由产品标准规定用其他字母表示，但所用字母不能多于两个，字母的含义及顺序在产品标准中规定。

(3) 产品规格是表示同一品种或同一形式的产品，按其尺寸、质量、功率或其他有关参数划分的类别。例如，电冰箱按有效容积不同，可分为170 L、175 L、180 L等若干不同规格。洗衣机按洗涤容量不同可分为2 kg、3 kg、4 kg、5 kg等多种规格。产品规格代号用阿拉伯数字表示，所用数字应为整数，并且不多于两组，每组数字应不多于3位，两组数字之间应用符号“×”或“-”隔开。数字含义由产品标准规定。例如，电炒锅的型号CFP120×80，其中，规格以额定功率的1/10表示，它表示分体式普通型电炒锅，一挡功率为1 200 W，二挡功率为800 W。

(4) 生产单位改进设计代号是指对产品的材料、结构、功能等的改进顺序，它使用不多于一个大写的汉语拼音字母，并按汉语拼音字母的顺序依次表示。一般来说，顺序号越大，即汉语拼音字母越靠后，则说明产品改进设计次数越多，产品的形式、功能越新。

1.3 电子电器的安全使用

应知应会：

1. 理解电子电器产品的安全使用方法。
2. 能够对电子电器产品进行安全使用。

电子电器产品中除了少数品种（如剃须刀、随身听）可以使用电池作电源外，绝大多数都是以市电（220 V、50 Hz交流电）为动力工作的，它是一种非安全电压，对人体是有危险的。电器造成的危险隐患涉及触电、火灾、机械伤害、射线辐射等。其中多见的为触电和火灾，而触电更为突出。另外，这种触电不同于其他事故，事先毫无征兆，一旦发生就来不及防范，并在极短的时间内即可使人致命，电子电器在使用中应注意以下几点：

(1) 电子电器安装使用之前，要认真阅读使用说明书，并遵从说明书规定的注意事项、使用环境、安装步骤进行安装调试。要注意说明书中提出的警告，不要随意违反。

(2) 核对电源电压是否符合电器规定的额定值，以及供电线路、熔断器、电表的容量等是否满足该电器的用电要求，尤其对功率较大的电器。

(3) 检查电源线有无破损，电源线与插头、电器本身的连接是否牢固，如有问题，要先修复、更换，直至达到安全使用要求。

(4) 要掌握各种标记和操作指示，了解操作程序。

(5) 电器应放置稳定、牢固，否则要进行调整。

(6) 旋转运动部件应与周围有足够的空间，不得有接触和碰撞。

(7) 凡产品使用说明书要求接地或接零的，一定要做到可靠接地（接零），并要定期检查。

(8) 对初次使用或长期未使用的电子电器，在通电、试运转之前，应先用试电笔检测人体可触及部分有无漏电。若有，要先查明原因，排除后才能试运转。

(9) 接线时，最好先用试电笔检测，分清电源线的相线和中性线。

(10) 不得以铜线代替熔体。

(11) 不得以暖气、尤其煤气管道作地线，否则会造成危险。

(12) 禁止用湿手触摸开关和操作电路。

(13) 电热器具周围不得有易燃、易挥发物品。

(14) 电源线破损后，不得使用普通胶布粘贴。

(15) 某些电能损耗大、温度高的电子电器引线，要使用规定的导线，不可使用普通塑料线，而且其规格与长度应符合规定的要求。

(16) 使用电热器具时，使用者不得长时间离开，要有专人控制电源的通断。

(17) 限时使用的电子电器，不宜超规定时间使用。

(18) 移动电子电器时，要先断电后移动。

(19) 电子电器出现异常，要先断电后检查。

(20) 注意某些电子电器对使用环境的要求，如不能在潮湿环境中使用，不能接触雾气等。

知识测评

1. 举例说明你身边属于日用电器、音视频电器、办公自动化设备的名称。

2. 我国规定的电子电器产品型号由哪几部分组成？各包括哪些内容？

3. 移动使用中的日用电器是否一定要切断电源再移动？

4. 某电子电器使用说明书中要求接地，是否可以将接地线连接在暖气管道上？

5. 某电子电器功率较大，使用中极易损毁熔断器，使用铜丝代替后就正常工作了，这种情况是否安全？为什么？

6. 在我国达到“碳达峰”“碳中和”目标的背景下，广泛了解电子电器行业在进行哪些技术升级和改造？

· 2 典型日用电器产品的使用与维护 ·

场景描述:

日用电器是供家庭日常生活使用的以电为能源的器具，但它的功能已远远超出了家庭使用的范围，广泛地渗透到社会生活的其他场所，如宾馆、餐厅、医院、学校、影剧院以及火车、汽车、船舶上，越来越受到人们的欢迎。小明家乔迁新居，买了一些新型日用电器产品，他拿出说明书，对照着教材研究了起来。

2.1 日用电器发展情况

应知应会:

1. 了解日用电器的发展史。
2. 了解日用电器的阶段划分情况。

日用电器的发展从某种意义上讲，反映了一个国家的科学技术进步程度和人民生活水平状况。为了更好地掌握日用电器的基本知识，了解它的发展历史是十分必要的。

1834 年，美国工程师亚克布 · 柏金斯发明了世界上第一台压缩式制冷机；1851 年，生产出可供实用的制冷设备。

1858 年，美国匹兹堡的汉斯尔顿 · E. 史密斯获得世界上最早的机械洗衣机专利。

1869 年，美国工程师艾夫斯 · W. 麦加尼制出第一台真空吸尘器。

1879 年，美国著名的科学家爱迪生发明了白炽灯。

1910 年，美国的阿尔瓦 · J. 费舍尔发明了第一台电动洗衣机。

1910 年，世界上第一台压缩式制冷的家用冰箱在美国问世。

1922 年，第一台搅拌式洗衣机诞生。

1925 年，瑞典丽都公司开发制造了家用吸收式冰箱。

1927 年，美国通用电气公司研制成功全封闭式冰箱。

1928 年，西门子生产第一台滚筒洗衣机。

1938 年，美国通用电子公司的研究人员伊曼制作出荧光灯。

1947 年，世界上第一台家用微波炉推出。

20 世纪 50 年代，日本公司开发出第一款电饭锅。

1957 年，德国 NEFF 公司研制成第一台家用电磁炉。

20 世纪 60 年代，改进后的微波炉开始走入家庭。

20 世纪 90 年代，由于材料研究的重大突破，真正启动了 LED 照明时代。

我国日用电器事业发展的历史较短，日用电器大规模生产起步于 20 世纪 70 年代末，当时主要是引进和仿制发达国家的产品，但是发展的速度很快，1980 年全国共生产了 370 万台洗衣机，1990 年全国洗衣机拥有量为 8 000 万台。2010 年年产量突破 6 000 万台，2013 年年产量突破 7 000 万台。

电冰箱的发展速度更快。1979 年我国电冰箱产量只有 31 000 台，到了 1988 年猛增到 369 万台，9 年间增长了近 120 倍，而且仍然满足不了需求，到 1990 年产量已达到 700 万台。2013 年，电冰箱年产量已经达到 9 000 万台以上。20 世纪 90 年代以后，电冰箱的发展主要体现在新技术方面。例如，线性压缩机在结构上省去了运动转换装置；电动机直线运动直接驱动活塞运动，电动机采用直线运动，电力消耗大为降低，几乎没有能量损失和噪声；压缩机电动机扭矩控制技术更能降低噪声和能耗。双压缩机电冰箱可将制冷速度提高 35%，温区和温度均可自由调节。电冰箱保鲜新技术有：发光二极管保鲜技术；正负离子技术；除臭光触媒片；电冰箱银离子技术等。

充分利用现代科学技术，有效地减轻人们的家务劳动，改善家庭生活环境，促进日用电器的发展是几十年来工程技术的重点。从技术角度上来讲，日用电器的发展趋势有共性，也有不同种类的日用电器本身的特性。其共性主要体现在向多功能化，采用新技术、新材料、新工艺，一机多用，组合化，智能化等方向发展。各种日用电器本身由于使用功能的结构形式的不同，其发展方向也有所不同。例如，电风扇将向着电子化、塑料化、多色彩、密集网罩方向发展；洗衣机正向着“五化”方向努力，即智能化、两极化（即大容量和小容量）、多品种化、节能化、美观化等。

日用电器问世以来，已经经历了几代的发展阶段。

1. 从应用的目的来分

第一代日用电器是为了替代人们繁重的家务劳动，其代表产品是洗衣机。

第二代日用电器是为了改善人们的生活质量，其代表产品是电冰箱、微波炉等。

第三代日用电器是为了满足人们对生活舒适度不断提高的需求，其代表产品是空调器、空气净化器等。

第四代日用电器是为了满足人们对于健康、环保、仿生的要求，其代表产品是电子厨房、生态起居间等。

2. 从技术的应用来分

第一代日用电器是机电结构产品，它以电动机的应用为核心，加上精心设计的机械控制执行装置。例如，适当功率的电动机，根据空气动力学原理设计的风叶，根据机械原理设计的蜗轮、蜗杆以及机械定时器，形成一个高质量的电风扇。

第二代日用电器是带有微处理器、可以“自动”运转的，即电脑式日用电器，如微电脑控制的洗衣机，它是在机械式洗衣机的基础上，将洗衣过程，包括洗涤、漂洗、放水、干衣……编制成固定的程序，使用者可以根据被洗衣物的质地、分量、不清洁程度等，设定每一个洗衣动作的时间，机器将根据设定的程序自动地完成洗衣任务。

第三代日用电器是智能型的，它利用大量传感器，采集当前系统运作情况，利用仿真控制推理过程，通过逻辑推理方式，确定下一个采样时刻的运行动作，实现优化的控制运作。

第四代日用电器将向系统化、网络化、智能化、集成化方向发展，形成电子厨房、电子卫生间、生态起居间等。例如，生态起居间将能根据室内温度、空气洁净度、风力、风向、室内人数等由传感器采集的参数，自动调节空调器的冷热风的风力和风向、去湿机的去湿强度、臭氧发生器产生的浓度和启动新风机，以保证室内始终保持仿室外的空气环境。

2.2 电子镇流器荧光灯使用与维护

应知应会：

1. 了解电子镇流器荧光灯的发光原理。
2. 理解电子镇流器荧光灯的分类及型号命名方法。
3. 能够正确使用与维护电子镇流器荧光灯。
4. 能够对电子镇流器故障现象进行分析与处理。

电子镇流器荧光灯是用电子镇流器驱动荧光灯管，使低压汞蒸气放电产生紫外线激发涂在灯管内壁的荧光粉而发光，实现照明的设备。常见的电子镇流器式荧光灯外形如图 2.1 所示。

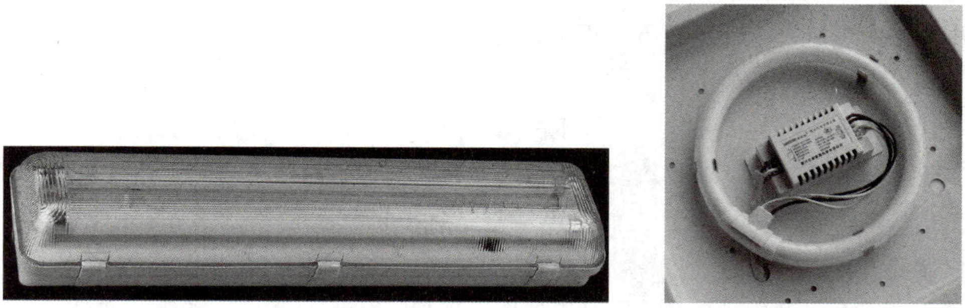

(a) (b)

图 2.1 常见的电子镇流器式荧光灯外形

一、电子镇流器荧光灯的分类与型号

1. 电子镇流器荧光灯的分类

按荧光灯管的形状分为直管形荧光灯、环形荧光灯和单端紧凑型节能荧光灯；按荧光灯管的光色分为三基色荧光灯、冷白日光色荧光灯、暖白日光色荧光灯。电子镇流器荧光灯的分类见表 2.1。

表 2.1 电子镇流器荧光灯的分类

分类方法	类型	特点
按荧光灯管的形状分	直管形荧光灯	显色性好，光衰小，寿命长，方便安装
	环形荧光灯	效率高，省时省电
	单端紧凑型节能荧光灯	灯头直接与供电网连接，可方便地直接取代白炽灯
按荧光灯管的光色分	三基色荧光灯	体积小，光色柔和，显色性好，造型别致，发光效率高
	冷白日光色荧光灯	显色性能较低，发光效率也比较低，照度低，寿命也比较短
	暖白日光色荧光灯	显色性能较低，发光效率也比较低，照度低，寿命也比较短

2. 电子镇流器荧光灯的型号

电子镇流器荧光灯的型号用“T+数字”形式表示。“T”代表“Tube”，表示管状。T 后面的数字表示灯管直径。

二、电子镇流器荧光灯的清洁与保养

1. 电子镇流器荧光灯的清洁

① 荧光灯发热容易吸引灰尘，准备清洁时要关闭电源，然后尽量让室内空气流通，用拧干了的抹布蘸上一点清洁剂轻轻地擦拭灯管，然后再使用干净的干布把清洁剂擦干净。

② 如果条件允许，可以使用防静电掸子来清除灯管表面的灰尘，然后用干的抹布擦拭脏物，不可太用力。

③ 安装荧光灯的时候要用纸巾清洁好双手，不要在灯管上留下痕迹，而平时也可以用酒精擦拭灯管的表面来保持清洁。

2. 荧光灯的保养

① 不要过于频繁地开关灯。过于频繁地开关灯会导致灯管的两端过早变黑，影响灯管的输出功率。

② 如果电压很低，会损害灯管，建议尽量在高电压的条件下开灯。

③ 注意要保持通风的环境，不只是带走灰尘，也可以降低灯管的温度，以便延长灯管的寿命。

三、电子镇流器荧光灯常见故障现象及处理方法

电子镇流器荧光灯常见故障现象及处理方法见表 2.2。

表 2.2　电子镇流器荧光灯常见故障现象及处理方法

故障现象	可能原因	处理方法
灯不亮或发光困难	电源电压过低	调整电源电压
	启辉器使用太久或损坏	更换新的启辉器
	接线错误或灯脚接触不良	更正接线或使灯管灯脚接触良好
	使用环境温度较低	加热(可以尝试用电吹风进行加温，但是只能够维持短暂的时间)，建议使用带罩灯具来保持灯管的正常工作温度
灯管两端发红、灯光抖动	接线错误或灯脚松动	更正接线
	启辉器损坏	更换新的启辉器
	灯管使用寿命快到期	换新灯管
灯管一会儿亮，一会儿暗	电源电压不稳定	调整电源电压
	灯管或启辉器的寿命快到期	更换新的灯管或启辉器
	接线错误	更正接线
	灯脚与灯座接触不良	将灯管转动几下，使灯管和灯座接触良好
灯光闪烁或光有滚动(俗称气体打滚)	新灯的暂时现象	点灯时间长一些或多点几次就可消失
	启辉器损坏或接触不良	更换新的启辉器
	使用环境温度过低	加热(可以尝试用电吹风进行加温，但是只能够维持短暂的时间)
灯光减弱或色彩变差	气温过低或有冷风直接吹灯管	回避冷风或改用带罩的灯具
	灯管上的积尘太多	清除灯管表面积污
	灯管使用寿命快到期	更换新的灯管
灯管两端发黑或有黑斑	启辉器损坏	更换新的启辉器
	电源电压过高	调整电源电压
	灯管使用寿命快到期	更换新的灯管
灯管使用时间短	使用过程中频繁开关	尽量减少开关次数
	使用环境经常振动	改善装置位置，避免振荡灯管烧坏
	灯管接线错误或因接触不良引起的	更正接线

知识拓展：　LED 灯

LED 灯是利用半导体二极管的发光原理做成的灯具，可以把电能转换成光能。与白炽灯相比，LED 灯具有耗电低、可靠性高、寿命长、环保等特点。常见 LED 灯外形如图 2.2 所示。

(a)　(b)　(c)

图 2.2　LED 灯的外形

一、LED 灯的分类

LED 照明灯具可以分为室内照明和室外照明两个大类。市面上常见的 LED 照明灯具类型主要有以下几种：LED 声控灯、LED 日光灯、LED 车灯、LED 强光手电筒、LED 橱柜灯、LED 舞台灯、LED 商场灯、LED 车床专用灯、LED 牙灯、LED 矿用架线机车灯、LED 防爆平台灯、LED 隧道灯等。

二、LED 灯发光原理

LED（发光二极管）是一种能够将电能转化为可见光的固态半导体器件，它可以直接把电转化为光。LED 的核心是一个半导体的晶片，晶片的一端附在一个支架上，一端是负极，另一端连接电源的正极，使整个晶片被环氧树脂封装起来。半导体晶片由两部分组成，一部分是 P 型半导体，另一部分是 N 型半导体。但这两种半导体连接起来的时候，它们之间就形成 PN 结。当电流作用于晶片的时候，电子就会被推向 P 区，在 P 区里电子与空穴复合，然后就会以光子的形式发出能量，这就是 LED 灯发光的原理。而光的波长也就是光的颜色，是由形成 PN 结的材料决定的。

三、LED 灯的工作特点

（1）节能。白光 LED 灯的能耗仅为白炽灯的 1/10，为节能灯的 1/4。

（2）使用寿命长。LED 灯使用寿命可达 10 万小时以上，对普通家庭照明可谓“一劳永逸”。

（3）固态封装。LED 灯属于冷光源类型，所以便于运输和安装，可以被装置在任何微型和封闭的设备中，不怕振动，基本不用考虑散热。

（4）环保。LED 灯没有汞等有害物质，组装部件可以非常容易地拆装，便于回收。

（5）采用配光技术使 LED 点光源扩展为面光源，增大发光面，消除眩光，升华视觉效果，消除视觉疲劳。

（6）无频闪。LED 灯在纯直流电流下工作，消除了传统光源频闪引起的视觉疲劳。

（7）耐冲击，无紫外线和红外线辐射。LED 灯无灯丝及玻璃外壳没有传统灯管碎裂问题，并且无辐射，对人体伤害小。

（8）LED 灯电压范围为 85～264 V，保证寿命及亮度不受电压波动影响。

（9）采用 PWM 恒流技术，效率高，热量低，恒流精度高。

（10）降低线路损耗，对电网无污染，功率因数≥0.9，谐波失真≤20%，EMI 符合全球指标，降低了供电线路的电能损耗和避免了对电网的高频干扰污染。

（11）灯头已形成通用标准，LED 灯可直接替换现有卤素灯、白炽灯、荧光灯。

（12）发光效率高，LED 灯供选择的色温种类多，显色指数高，显色性好。

2.3 电饭锅的使用与维护

应知应会：

1. 理解电饭锅的分类方法及规格含义。
2. 理解电饭锅的性能参数。
3. 能够正确使用和维护电饭锅。
4. 能够对电饭锅的故障现象进行分析与处理。

电饭锅又称电饭煲，是一种能够进行蒸、煮、炖、煨、焖等多种食品加工的现代化炊具。电饭锅的外形如图 2.3 所示。

(a)　(b)　(c)

图 2.3 电饭锅的外形

一、电饭锅的分类与规格

1. 电饭锅的分类

按加热方式分有间接加热式电饭锅和直接加热式电饭锅；按结构形式分有组合式电饭锅和整体式电饭锅；按控制方式分有保温式电饭锅、定时启动保温式电饭锅和电脑控制式电饭锅。电饭锅的分类见表2.3。

表2.3　电饭锅的分类

分类方法	类　型	特　点
加热方式	间接加热式电饭锅	食物加热均匀，清洗方便，但结构较复杂，费时间，耗电多
	直接加热式电饭锅	效率高，省时省电，但食物加热不均匀，清洗不方便
控制方式	保温式电饭锅	温度降低后自动通电加热保温
	定时启动保温式电饭锅	任选开始煮饭时间，饭煮好后能自动保温，节省能源
	电脑控制式电饭锅	电饭锅的工作自动化程序更高
结构形式	组合式电饭锅	可方便地取下内锅，便于清洗、放置
	整体式电饭锅	全锅形成一个整体，取用不方便，不便于清洗、放置

2. 电饭锅的规格

电饭锅的规格一般是指电饭锅的输入功率，但也有用电饭锅中的盛饭锅容积表示的。按输入功率分，电饭锅有400 W、450 W、500 W、550 W、600 W、650 W、700 W、750 W、800 W、850 W、900 W、950 W等。按容积分，有0.7 L、1 L、1.5 L、2 L、2.5 L、3 L、3.6 L、4 L等。一般来说，容积小的电饭锅输入功率也小，容积大的输入功率也相应大些。一般家庭选用600~800 W的较为适宜。

二、电饭锅的主要技术指标

1. 电气绝缘性能

要求在冷态1 500 V、热态1 000 V/50 Hz交流电输入情况下，进行历时1 min耐压试验，电饭锅的带电部分与金属壳间不发生击穿，其热态绝缘电阻大于1 MΩ。

2. 温控准确性

一般要求温度在（103±2）℃时，温控元件使电路断电；而温度降至（65±5）℃时，温控元件起保温作用。

3. 热效率

要求在周围环境温度为（23±5）℃时，电饭锅的热效率不低于70%。

4. 使用寿命

要求电饭锅在额定电压条件下，其一般使用寿命应当大于1 000 h。

三、电饭锅的使用与保养

电饭锅因其美观、方便实用和耗电量少而备受人们的青睐，但因保养不当而缩短其寿命的事也经常发生。为了合理地使用和保养电饭锅，以延长其使用寿命应该注意以下几点：

（1）使用时，应将蒸煮的食物先放入锅内，盖上盖，再插上电源插头；取出食物之前应先将电源插头拔下，以确保安全。

（2）使用时不要碰撞内锅，内锅一般不作他用，不能把内锅直接放在炉火上加热。

（3）不能用硬物磨刷内锅，也不宜用来煮酸、碱性较强的食物。

（4）电饭锅每次使用完毕要认真清洗内锅，特别是内锅底有锅巴时，必须清洗干净。

（5）电饭锅外壳、电热板等部件禁忌用水冲洗，应用湿软布擦净。

（6）在接通电源后不要取出内锅，以免电热板空烧损坏电热元件。

（7）注意电饭锅的使用环境，不要在具有腐蚀性气体或潮湿的地方使用。

四、电饭锅常见的故障现象及处理方法

电饭锅在使用时常见的故障现象有电热板不热、煮不熟饭、煮夹生饭等，其常见故障现象及处理方法见表 2.4。

表 2.4 电饭锅常见故障现象及处理方法

故障现象	可能原因	处理方法
指示灯不亮	电源线烧断	修理或更换电源线
	温控器接触不良	用砂纸清理干净
	指示灯本身故障	更换指示灯
	熔丝烧断	更换熔丝
锅体带电	没有接地线	检查并接上可靠的地线
	盘底电路有碰壳现象	检查并排除碰壳处
煮饭夹生	电热板发热不均匀	更换电热板
	锅底有异物或内锅锅底变形	清理内锅锅底，将内锅锅底整形，使内锅锅底与电热板接触良好
饭煮焦	温控器的触点烧结不能断开	用砂纸清理干净
	磁钢污渍	清洗磁钢表面后重新装好
	磁钢的内部弹簧弹力减弱	需要换新的弹簧
	温控器的起跳温度过高	调整起跳温度
饭还未熟，按键开关先跳	磁性温控器内软磁体失效或金属片接触不良	更换磁性温控器
	磁性温控器拉杆与杠杆位置变形	新换上的磁性温控器容易发生此故障，用小钳子重新校正增加些松动感即可
	内锅变形，使传热不良，局部过热	更换变形的内锅

2.4　电磁炉的使用与维护

应知应会：

1. 理解电磁炉的分类及规格的含义。
2. 了解电磁炉的工作特点。
3. 能够正确使用和维护电磁炉。
4. 能够对电磁炉故障现象进行分析与处理。

电磁炉又称电磁灶，是利用电磁感应加热原理制成的电气烹饪器具。由于它具有热效率高，使用安全、卫生，温度控制准确，操作方便，小型轻便的特点，越来越受到广大消费者的青睐。图 2.4 所示是电磁炉实物。

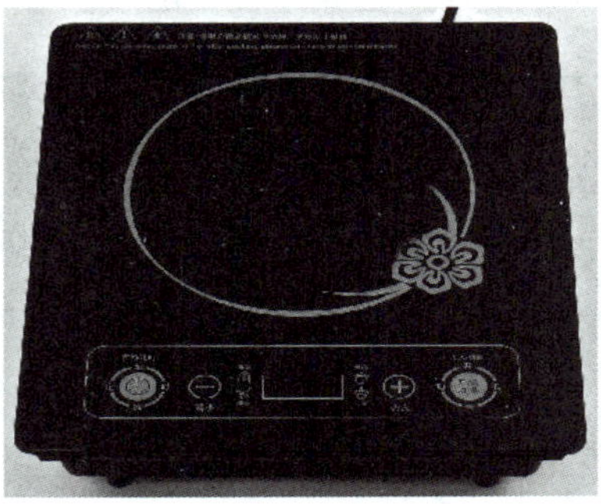

(a)

(b)

图 2.4　电磁炉实物图

一、电磁炉的分类与规格

1. 电磁炉的分类

按使用场所分有民用电磁炉和商用电磁炉；按用途分有家用电磁炉、专业火锅电磁炉、自助餐厅保温炉、后厨煲汤炉、后厨炒炉；按功率分有小功率电磁炉（800 W 以下）、常用功率电磁炉（1 000~2 500 W）、大功率电磁炉（3~35 kW）；按使用或安装方式分有嵌入式电磁炉、台式电磁炉、落地式电磁炉。此外，一些专业电磁炉也有按炉头数量、形状、配置等来命名的。电磁炉的分类见表 2.5。

表 2.5　电磁炉的分类

分类方式	类　别
按使用场所分	民用电磁炉
	商用电磁炉

续表

分类方式	类　别
按用途分	家用电磁炉
	专业火锅电磁炉
	自助餐厅保温炉
	后厨煲汤炉
	后厨炒炉
按功率分	小功率电磁(800 W 以下)
	常用功率电磁炉(1 000 ~2 500 W)
	大功率电磁炉(3 ~35 kW)
按使用或安装方式分	嵌入(沉降)式电磁炉
	台式电磁炉
	落地式电磁炉

2. 电磁炉的规格

电磁炉的规格主要以其功率的大小来表示，例如，700 W、800 W、900 W、1 000 W、1 200 W、1 500 W 等。

二、电磁炉的特点

1. 热效率高

一般电热炊具的发热效率在 50%~70%之内，而电磁炉的热效率可高达 80%。

2. 清洁卫生

电磁炉没有明火，不会使室内空气因燃烧而受到污染。灶台表面光滑，食物液汁洒落在电磁炉灶面上很容易抹擦干净。

3. 温控准确

使用电磁炉能方便地控制发热功率、烹饪时间及烹饪温度，锅底温度分布均匀。

4. 安全可靠

因为没有明火，灶台本身不发热，因此不会发生烫伤事故，无火灾危险。

5. 小型轻便

电磁炉薄小轻便，可大大提高它的使用价值，必要时可放在桌面上使用。

三、电磁炉的使用与维护

电磁炉在使用前，应仔细阅读产品说明书，了解产品的功能、使用方法、维护保养要求以及制造商可能提供的售后服务内容。一般在使用、保养时应注意以下几点：

(1) 安装专用的电源线和电源插座。电磁炉由于功率较大，一定要根据功率来配置电源线和插座。通常应选能承受 15 A 电流的铜芯线，配套使用的插座、插头、开关等也要达到这一要求。否则，电磁炉工作时的大电流会使电线、插座等发热烧焦造成短路。另外，如果可能，最好在电源线插座处安装熔断器，以确保安全。

（2）电磁炉放置要平稳。如果电磁炉某一脚悬空，使用时锅具的重力将会迫使炉体倾斜，锅内食物溢出。如果炉面放置不平整，锅具的振动也容易使锅具滑出而发生危险。

（3）保证进气孔和出气孔通畅。工作中的电磁炉随锅具的升温而升温，因此电磁炉应放置在空气流通处，保证炉体的进、排气孔处无任何物体阻挡。

（4）选用合适的锅具。电磁炉外壳承载的重量是有限的，一般民用电磁炉连锅具带食物不应超过 5 kg，而且锅具底部也不宜过小，使电磁炉炉面承受压力不至于过于集中。

（5）使用与保管中要注意防潮、防蟑螂。普通电磁炉没有防水功能，受潮或进水，甚至蟑螂的排泄物都有可能引起短路故障，因此使用时，摆放应远离潮气和蒸气，严禁用水冲洗。市面上已出现防水电磁炉，但为保证安全，延长产品使用寿命，还是要尽量避开水。

（6）清洁炉具要得法。电磁炉不能用有机溶剂、汽油等来清洗炉面或炉体。另外，也不要用金属刷、砂布等较硬的工具来擦拭炉面上的油迹污垢。清除污垢可用软布蘸水抹去。如是油污，可用软布蘸一点中性洗涤剂来擦拭。

（7）在使用时，炉面板上不要放置小刀、小叉、瓶盖之类的铁磁物件，也不要将手表、录音磁带等易受磁场影响的物品放在炉面上，或带在身上进行电磁炉的操作。

（8）不要让锅具空烧、干烧，以免电磁炉面板因受热量过高而裂开。

（9）锅内汤水量勿超过七分满，避免加热后汤汁溢出造成短路故障。

（10）锅具必须放置在电磁炉中央，避免加热不均匀，也不要在高温或大功率状态下，频繁拿起容器锅具再放下，这样易造成故障（因瞬间功率忽大忽小易损坏主板）。

（11）在离电磁炉 2~3 m 的范围内，最好不要放置电视机、录像机、收录机等易受电磁干扰的家用电器，以免受到不良影响。孕妇最好不要使用电磁炉。

四、电磁炉常见故障现象及处理方法

导致电磁炉故障的原因有很多，表 2.6 列出了常见故障现象及处理方法

表 2.6 电磁炉常见故障现象及处理方法

故障现象	可能原因	处理方法
屡烧断 10 A 熔丝	烧断熔丝说明整机电路中有元器件击穿短路	切除 IGBT 功率管 300 V 直流供电后不再烧断熔丝，说明 IGBT 功率管击穿短路，并对 IGBT 功率管的 G、C、E 脚进行正反向阻值的测量，发现 3 个引脚间的阻值均为 0，说明功率管击穿，更换同型号 IGBT 功率管后故障排除

续表

故障现象	可能原因	处理方法
指示工作灯亮但锅底不发热	桥式整流器损坏	用万用表测量桥式整流器两对引脚的正反向电阻，如损坏则更换
	IGBT 功率管损坏	拆下主电路板，检测 IGBT 功率管，如损坏则更换
	谐振电容损坏	拆下主电路板，用万用表检测谐振电容，如损坏则更换
	控制电路板故障，使 IGBT 功率管无脉冲输出	检测 IGBT 功率管的控制极，如无脉冲信号，则检修或更换控制电路板
	感应加热线圈断线	拆开检查加热线圈，若损坏则更换
通电后指示灯不亮，不能加热	电源插头、插座接触不良，电源线断路	逐一检查，重新插好插座，并连接好断路的电源线
	熔丝熔断	查明原因后，更换同规格熔丝。如果是压敏电阻引起熔丝熔断，应同时更换压敏电阻
加热温度过高	温度检测热敏电阻失灵	拆开后检测热敏电阻与被检测部位是否脱开，如接触良好，则检测热敏电阻，如失效则更换
	控制电路失灵	修理或更换控制电路板
加热温度过低（功率不足）	锅底与灶面未贴紧	清理杂物后重新放正
	温度检测热敏电阻失灵	拆开后检测热敏电阻，失效则更换
	控制电路失灵	修理或更换控制电路板
加热功率不能调整	操作按键接触不良	拆下操作、显示电路板，检测对应的按键，如损坏则更换
	控制电路失灵	修理或更换控制电路板
食物生熟不匀	锅内食物过多	按规定保证合理的放入量
	锅底严重变形	矫正锅底，必要时更换
	感应加热线圈位置移动	校正线圈的位置
开机后电扇不转、不发热、蜂鸣器报警	开机有报警说明微处理器在工作，故障在检测保护方面的相关电路	切除 IGBT 功率管 C 极后再开机，发现不报警，说明功率管输出电流极大，拆下 IGBT 功率管测量发现正常，在测量功率 G 极电压发现有 15 V 电压，说明激励驱动损坏导致 IGBT 功率管因 G 极电压过高而饱和，更换驱动模块后故障排除

续表

故障现象	可能原因	处理方法
IGBT 功率管重复损坏	主电路存在故障	重点检查桥式整流器、滤波电容、谐振电容等器件，发现损坏则更换
	温度检测热敏电阻失效	检测热敏电阻，失效则更换
	排风扇损坏	拆开后检查风扇，如损坏则更换
	控制电路失灵	修理或更换控制电路板

五、电磁炉维修注意事项

（1）维修时尽量避免带电作业，以免触电。

（2）带电检测时务必断开线盘的接线端，但保留热敏电阻的接线端子。

（3）维修后，通电前要确认各部位连接正确。特别是散热风扇，否则会有 IGBT 功率管爆炸的危险。

（4）IGBT 功率管需涂抹散热油。

（5）接通线盘前需测试各项功能显示是否正常。

（6）机内高、低压基板上皆分布有危险电压，带电测试必须注意安全。

（7）组装前，要为热敏电阻补充散热油，并将螺钉拧紧。

2.5 微波炉的使用与维护

应知应会：

1. 理解微波炉的分类及型号的含义。
2. 能够正确地使用和维护微波炉。
3. 能够正确地对微波炉进行清洁与保养。
4. 能够分析与处理微波炉常见的故障。

微波炉是一种利用微波能量加热食物的现代化厨房电器，是一种多用途的烹饪电器。微波炉外形如图 2.5 所示。

一般灶具加热食物，都是通过加热锅底的方式，使热量从食物表面传递到内部而完成的。而微波加热食物是利用微波发生器产生一个高频交变电场，使位于电场内的食物中的极性分子在电场力作用下频繁地改变排列方向，引起强烈摩擦和碰撞，内外同时发热，从而将微波能量转换为热能，达到加热食品的目的。与普通电灶、煤气灶相比，微波炉具有加热均匀、控制方便、营养破坏少、加热速度快、热效率高、清洁卫生、使用安全、寿命长、解冻方便迅速等优点。

(a)　　　　　　(b)

图 2.5　微波炉的外形

一、微波炉的类型与型号

1. 微波炉的类型

微波炉按结构分有普通型微波炉、组合型微波炉、复合型微波炉；按频率分有 915 MHz 和 2 450 MHz 两种；按控制方式分有机械式和电脑式两种；按输出功率分有 500 W、600 W、650 W、700 W、1 000 W、1 500 W、2 000 W 等。微波炉的分类见表 2.7。

表 2.7　微波炉的分类

分类方法	类　型		特　点
按频率分	915 MHz		多用于工商部门作烘烤、干燥、消毒用
	2 450 MHz		多用于家庭
按结构分	普通型	转盘式	采用转盘装置，通过转动被加热物来提高微波加热的均匀性
		搅拌式	采用搅拌器，通过在波导口处“搅拌”微波，不断改变炉腔内电磁场分布，提高微波加热的均匀性
	组合型		将微波炉与烤箱组合在一起，既可以进行微波加热，也可以进行烘烤
	复合型		将微波炉和烘烤装置复合在一个炉腔内，完成微波加热和烘烤功能
按控制方式分	机械控制式		具有一般计时装置、功率调节和温度控制装置
	电脑控制式		有电脑记忆装置，可按预定程序完成解冻、加热

2. 微波炉的型号

根据国家行业标准 QB/T　1198—1991《家用和类似用途的微波烹调器具》中的规定，微波炉型号命名方法如下：

□ □ □ □

- 第 1 个□：产品名称代号，用 W 表示
- 第 2 个□：形式代号，P 表示普通型(单一加热功能，可省略)；D 表示多功能
- 第 3 个□：规格代号，用输出功率表示
- 第 4 个□：企业改进设计代号，用一个汉语拼音大写字母表示

目前，市场上的微波炉命名有些是不规则的，多见于进口产品和国内早期产品。

二、微波炉的使用与维护

1. 微波炉的使用

日用微波炉虽有很多优点，但如果使用不当，不仅不能获得预期的烹调效果，还会影响微波炉的性能和使用寿命。微波炉在使用时应注意以下几个方面：

(1) 认真阅读使用说明书，根据微波炉的使用电压、输入功率来检查电能表和熔丝的容量是否满足要求，一般来说 5 A 的电能表和 10 A 的熔丝就可以满足一般微波炉的要求了。

(2) 检查微波炉的插头、导线和插座是否完好无损。

(3) 炉门应轻开轻关，千万不要用重物敲击炉门，炉门的损伤和变形将可能引起微波泄漏。

(4) 微波炉烹饪用器皿要用陶瓷的、玻璃的、专用塑料的，不能用金属和搪瓷制品，因为金属对微波有反射作用，它不仅导致微波炉加热效率降低，加热均匀性差，还会使微波与金属接触产生火花，发生危险，严重时还会损坏磁控管。

(5) 烹饪时，应掌握好时间，不要一次将烹饪时间设得太长，以免引起食品过热、热焦或起火。万一起火，请勿打开炉门，只要将定时器回调到零或拔掉电源插头，火就会自动熄灭。

(6) 带盖的密封容器放入炉内加热时，请拧开盖子。否则，容器内的空气会因加热后体积膨胀而产生爆裂，严重时可能产生爆炸。所以带硬质外壳的食品，如生鸡蛋等不要放入微波炉内加热。

(7) 当加热用塑料袋密封的食品时，请剪去一角作为出气孔。瓶颈窄小的瓶装食物就算打开了盖也可能因压力而膨胀，引致爆炸。

(8) 整袋食物若附有金属夹子，应先将其移去；缚紧塑料煮食袋的金属条不应使用。若看见炉内发生火花，应立即停炉。

(9) 整个带紧皮的蔬果，如薯仔、瓜类、番茄及梅子等，应先将皮戳破疏气以避免爆炸。香肠、鸡肝、蛋黄、鲜鱼、家禽的眼睛，亦应戳破。

(10) 如果要在微波炉内煮面食，切勿加油在煮面的水内，因为浮在水面的油，遇热会四溅，导致危险。

(11) 从微波炉内取出加热食品时，小心烫手。

(12) 切勿用微波炉去烘干衣服，以防起火。

(13) 加热牛奶或汤水时，最好中途搅拌一下，以免溢泻。

(14) 如果在微波炉使用过程中发生故障，请不要自行拆修，应请专业维修人员修复后再使用。

2. 微波炉上英文标记的含义

微波炉上的一些英文标记的含义见表 2.8。

表 2.8　微波炉上的一些英文标记的含义

英文标记	含　义
MICROWAVE OVEN	微波炉
START	启动按键
COOK	烹调开关
DOOR OPEN（或 OPEN）	开门按键
TIMER	定时器
COOKING CONTROL	烹调控制器
LOW	低功率挡
DEFROST	解冻挡
MEDIUM	中低功率挡
HIGH	高功率挡
MAIN SWTICH	总电源开关
FULL POWER	全功率挡
CLOCK	时钟

3. 微波炉的维护

微波炉在使用过程中可能发生各种情况，表 2.9 所示现象均属正常。

表 2.9　微波炉使用过程中可能发生的情况及其原因

现　象	原　因
微波炉灯光暗弱	烹调时，若不以微波高火而用较低的火力烹调，微波炉的灯光会变得暗弱并有声响发生，这是微波炉在控制火力时所产生的正常现象
水蒸气凝聚在炉门及有热风从排气口排出	烹调时，食物会有水蒸气散发，大部分水蒸气会从排气口排出，但水蒸气也会在较凉的地方如炉门上凝聚
使用微波炉烧烤功能时，微波炉会有声响发生	这些声响是因为微波炉自动交替转换微波火力和烧烤火力，实现微波烧烤功能而产生的
当使用微波烧烤及薄块烧烤功能时，微波炉有白烟冒出及产生异味	微波炉必须定期擦拭，特别是在使用微波烧烤或薄块烧烤功能后，任何积聚在炉顶及炉壁的油渍，都会引起白烟冒出
当使用微波烧烤及薄块烧烤功能时，外壳顶部会向上略凸起	这是由于在石英管发热时，其温度很高，在其上面的外壳部位受热膨胀，而发生变形，略向上凸起。此现象是暂时的，停机冷却后会恢复原形。如果长时间使用烧烤功能，该部位会略变黄，这属于正常现象

续表

现　　象	原　　因
当使用微波烧烤及薄块烧烤功能时，前门板会略向内凹陷	这是由于炉腔内温度很高，腔内气压很低，使前门板受向内气压压力而略向内凹陷，此现象是暂时的，停机冷却后会恢复正常

三、微波炉常见故障现象及处理方法

导致微波炉故障的原因很多，表2.10列出了常见故障现象及处理方法。

表2.10　微波炉常见故障现象及处理方法

故障现象	可能原因	处理方法
搅拌风叶不转，但炉腔照明灯未熄灭	搅拌风叶电动机损坏	更换或修复电动机
	连接搅拌风叶电动机的导线断路	更换或连接断路导线
照明灯不亮，但可加热食物	照明灯损坏或接触不良	更换照明灯或除去污垢
	连接照明灯的导线断路	更换或连接断路的导线
炉腔照明灯不亮且不能加热食物	灶门未关闭好或电源变压器绕组烧断	关好灶门，修复或更换电源变压器
	热断路器断开电路	检查风道是否阻塞
	烹调继电器绕组烧断	对烹调继电器进行修复或更换
	其他线路有断路	检查线路，接好断线和脱焊
可以加热食物，但定时器不起作用	定时器电动机损坏	修复或更换定时器电动机
	连接导线断路	连接导线
烹调中照明灯突然熄灭，烹调停止	灶门被打开	关好灶门
	热继电器断开	修复热继电器

四、微波炉的清洁与保养

（1）清洗炉腔之前，需关闭微波炉，并从插座上拔去电源线插头。

（2）应保持炉腔清洁，当食物或汤水溅到炉内壁时，可用湿布擦去。如炉内壁很脏，可使用软性洗涤剂清洁，切勿使用粗糙、磨损性的洗涤剂清洁。

（3）必须经常清洁玻璃盘。可用温热的肥皂水清洗，再用清水洗净、擦干。

（4）必须经常擦洗转盘支承和炉腔底面。应用软性洗涤剂清洁炉腔底面，而转盘支承则可用温热的肥皂水清洗，清洗后擦干放回原处。

（5）必须经常清洗门的密封面。可先用软干布浸肥皂水清洗，再用软干布擦干净。

（6）微波炉外表面用软干布浸肥皂水清洗后，再用软干布擦干净。注意不要让水浸入炉缝或通风口。

（7）如控制板被弄湿，用软干布擦干，不能用粗糙、磨损性的洗涤剂来擦控制板。擦控制板时，应将炉门打开，以免误操作。

（8）炉内外如有水蒸气凝成的水滴，可用软干布擦干。

（9）当使用薄块烧烤功能时，有些食物的油渍会留在炉的内壁上，若不作定期清洁，可能导致使用时冒烟，所以这些污渍必须及时清洗掉。

（10）炉内如有异味，可用一杯水加几匙柠檬汁煮 5~7 min，即可清除异味。

（11）微波炉若长期不使用，应拔掉电源插头，放在通风干燥、没有腐蚀性气体的环境中。

（12）微波炉发生故障，必须由专业维修人员检修。

（13）切勿使用强洗涤剂、香蕉水、汽油和金属刷等来清洗微波炉的任何部位。

2.6　洗衣机的使用与维护

应知应会：

1. 理解洗衣机的类型特点及型号的含义。
2. 能够正确使用与维护洗衣机。
3. 能够对洗衣机的故障现象进行分析与处理。

洗衣机是根据手工洗衣的原理和动作仿制而成的。手工洗衣服要搓、刷、捶、打，而洗衣机洗衣服则是在机械力的作用下，使衣服在含有洗涤剂的水流中不断搅拌、翻卷，或者上下、左右、前后旋转，从而达到去污、洗净衣服的目的。几种常见洗衣机的外形如图 2.6 所示。

(a)　　(b)　　(c)

图 2.6　几种常见洗衣机的外形

一、洗衣机的类型与型号

1. 洗衣机的类型

洗衣机的分类方法很多，从不同的角度有着不同的分类方法。目前，我国对于洗衣机的分类有四种方法，见表 2.11。

表 2.11 洗衣机的类型

序号	分类方式	类别
1	按自动化程度分类	普通洗衣机
		半自动洗衣机
		全自动洗衣机
2	按洗涤方式分类	滚筒式洗衣机
		搅拌式洗衣机
		波轮式洗衣机
3	按结构形式分类	单桶洗衣机
		双桶洗衣机
		套筒洗衣机
4	新型洗衣机分类	气泡式全自动洗衣机
		高温泡沫洗衣机
		超声波洗衣机
		电磁洗衣机
		冷沸腾洗衣机

（1）按自动化程度分类

在洗衣机洗涤衣物的整个过程中，洗涤、漂洗、脱水是其中三个主要过程。按照它们相互之间的转换是由人工完成还是自动连续完成，可以将洗衣机分为普通、半自动和全自动三种类型。

① 普通洗衣机

这类洗衣机的洗涤、漂洗、脱水三种功能都需要手工转换。它装有定时器，可以根据衣物的脏污程度选择洗涤或漂洗时间，预置时间一到，即自动停机。一般不设脱水装置，需要人工拧干脱水。此类洗衣机结构简单、操作简便、体积小、占地少、价格便宜。

② 半自动洗衣机

这类洗衣机的洗涤、漂洗、脱水功能中的任意两个功能的转换不需人工，而是自动进行的。它通常有两种形式：一种是洗涤和漂洗两道工序在一个桶内自动进行，并互相转换，但脱水仍需人工转换，这种机型也称套桶式洗衣机；另一种是洗涤和脱水分别在两个桶内进行，在洗涤桶内自动完成洗涤、漂洗后，由人把衣物放入脱水桶内，开动控制脱水的定时器，即可脱水甩干，这种机型也称双桶式洗衣机。半自动洗衣机比普通洗衣机性能好，结构也复杂些。

③ 全自动洗衣机

这类洗衣机具有将衣物放入后，能按选定的工作程序自动完成进水、洗涤、漂洗、脱水、排水等功能，工作中无需人来看管。全自动洗衣机自动化程度高，结构复杂，价格较高，维修保养要求也较高；但它既省时又省力，随着人们生活水平的提高，已逐渐在家庭中普及。

（2）按洗涤方式分类

这里的洗涤方式仅指洗涤过程中机械作用的方式。据此可分为搅拌式、滚筒式、波轮式、喷流式、喷水式、喷水-喷流式、振动式、钟式、可动容器式、柜式等。目前，在洗衣机生产总量中占有极大比例的有三种类型，即滚筒式（约占 50%）、搅拌式（约占 26%）、波轮式（约占 20%）。

① 滚筒式洗衣机

它是按起落摔击方式来洗涤衣物。这种洗衣机在不动外筒中水平地安装一个可旋转的内筒，内筒壁开有许多小孔，并有数个凸棱，其示意图如图 2.7 所示。

这个内筒称为滚筒或转筒，一般由不锈钢或铝合金制成，筒上有一个可以开启的弧形盖，衣物即由此放入筒中，筒上的小孔能使洗涤液进入筒中浸泡衣物，当洗涤衣物时，电动机带动滚筒以 50~60 r/min 低速旋转，由凸棱不断地将浸沉在洗涤液中的衣物捞起，到一定高度时摔落，如此起落循环，靠衣物自身的重力摔打、摩擦而去掉污垢。在漂洗过程的最后阶段，水从机内向外排放，洗衣机便进入甩干脱水阶段，滚筒以 450~500 r/min 转速旋转，利用离心力把衣物甩干。

滚筒式洗衣机的优点是洗涤剂用量少、水耗小、衣物磨损小、洗衣量大、容易实现自动化，而且可以使用热水等。其缺点是洗衣时间长、耗电量较大、结构复杂、搬运不便、振动噪声大、价格较高等。

② 搅拌式洗衣机

它是按搅拌方式来洗涤衣物。这种洗衣机采用立式洗涤桶，在桶的中间装有一个特殊的搅拌器，它是由塑料或金属制成的锥状物，上面有数条扭曲的叶片，其示意图如图 2.8 所示。

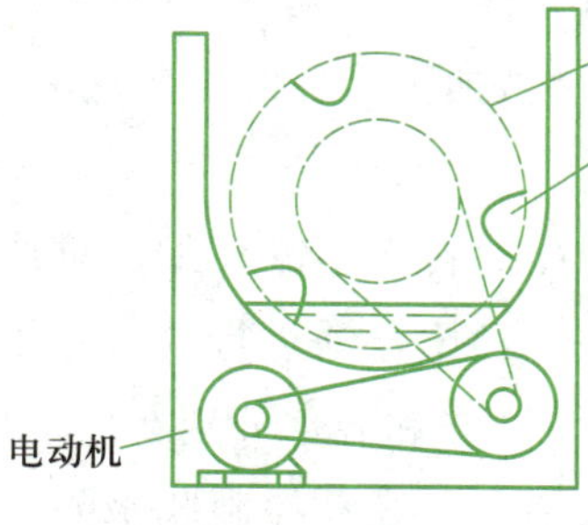

图 2.7　滚筒式洗衣机示意图

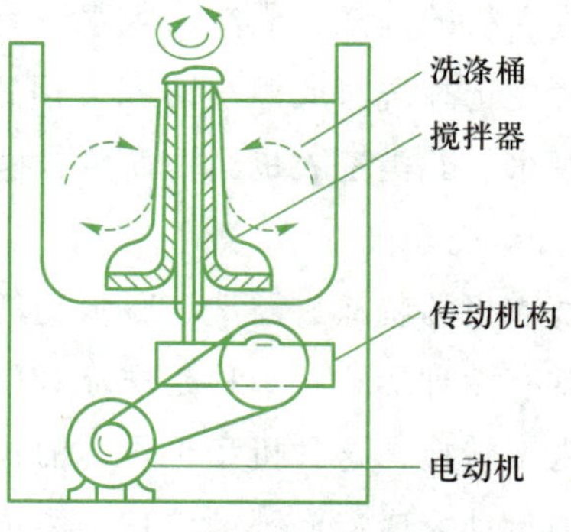

图 2.8　搅拌式洗衣机示意图

当洗涤衣服时，电动机通过转动装置带动搅拌器做 180°正反向旋转，每分钟改变正反转方向 40~50 次，在洗涤桶中掀起各种形状的水流，使衣物在洗涤液中不断强烈地搅动，由此达到去污目的。搅拌式洗衣机的优点是容量大、磨损小，缺点是洗涤时间长、结构复杂、成本高。

搅拌式洗衣机的发展方向是研制由单片机和几种传感器组合构成的新型控制器，不仅可自动控制洗衣机按洗涤重量和种类选择程序，而且能节约水和电。

③ 波轮式洗衣机

它是按涡卷水流来洗涤衣物。这种洗衣机在洗涤桶的底部装有一个称为波轮的轮盘，在波轮的表面有几个棱状凸起的筋，其示意图如图 2.9 所示。当洗涤衣物时，电动机带动波轮正反转的转速可以达到 400 r/min 左右。由于波轮上凸棱高速旋转的作用，洗涤桶中的水旋转产生涡流，同时凸棱又使水产生压缩力，而波轮凹下的部分使水舒张，于是水流产生脉冲式的振动，其振动频率为波轮凸棱数与转速的乘积，达到每分钟 1 000 多次，使衣物在洗涤桶中，随水冲刷涡旋，做旋转、翻滚运动，起到类似手工搓洗、甩打的作用。

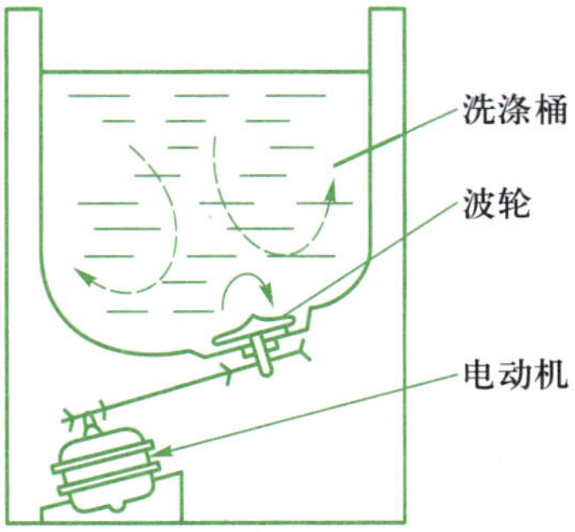

图 2.9 波轮式洗衣机示意图

波轮安装在洗涤桶内的方式有斜置式和平置式两种。

波轮斜置式是最早设计的波轮式洗衣机的一种形式。小波轮安装在桶底一侧，其轴线与桶轴线成 8°~18°夹角，直径在 165~185 mm 之间。

波轮平置式是把波轮安装在洗涤桶底部中央部位。进入 20 世纪 80 年代以来，为了克服小波轮洗衣机缠绕衣服的缺点，生产出五种大波轮，分别是蝶式波轮、鸭嘴形波轮、凸形波轮、撬杆式波轮、偏心波轮，如图 2.10 所示。

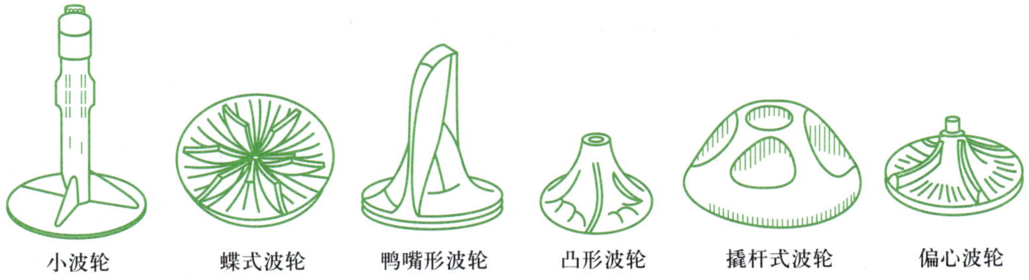

图 2.10 小波轮及常见大波轮形状

④ 其他形式的洗衣机

其他形式的洗衣机主要有以下几种：

- 喷流式洗衣机　也称叶轮式洗衣机，其叶轮安置在洗涤桶侧壁上，叶轮上的凸筋数比波轮多，一般为 4~6 个，示意图如图 2.11（a）所示。
- 喷射式洗衣机　也称喷水式洗衣机，它没有波轮或搅拌器，主要靠水泵不断地从洗涤桶底部抽水，然后通过与水泵相连的喷水管向桶内喷射水流，示意图如图 2.11（b）所示。

- 振动式洗衣机　它没有波轮或搅拌器，而是在洗涤桶底部安装一块振动器，可由电动机机械发振或由磁铁电磁发振，示意图如图 2.11（c）所示。

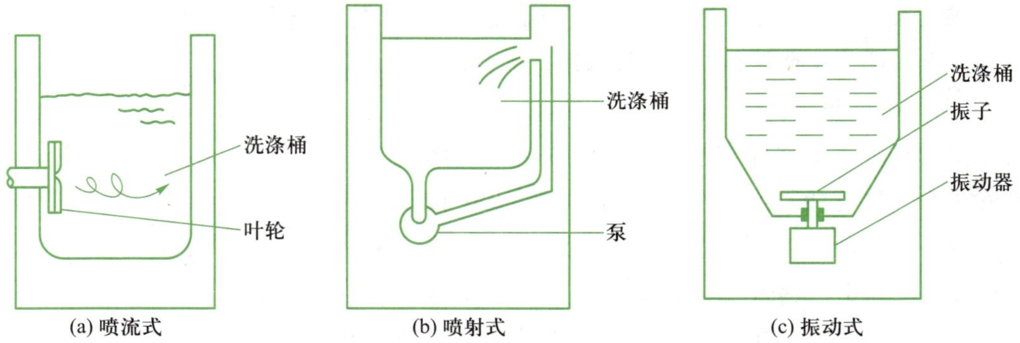

图 2.11　三种形式洗衣机示意图

（3）按结构形式分类

洗衣机按结构形式分类有单桶、双桶和套桶三种。目前市场上常见的国产洗衣机中，普通型多为单桶，半自动型多为双桶，全自动型为套桶。

① 单桶洗衣机

单桶洗衣机结构示意图如图 2.12 所示，它只有一个桶，在其中实现洗涤和漂洗两种功能，而且需要人工转换。虽然有体积小、重量轻、价格便宜的优点，但因其只能作为一种辅助洗衣的工具，目前已逐渐被淘汰。

② 双桶洗衣机

双桶洗衣机是单桶洗衣机与脱水机的组合，如图 2.13 所示。它的洗涤系统与脱水系统是相对独立的，由两台电动机分别驱动波轮和脱水桶，洗涤或脱水时间也是由两个定时器分别控制的。

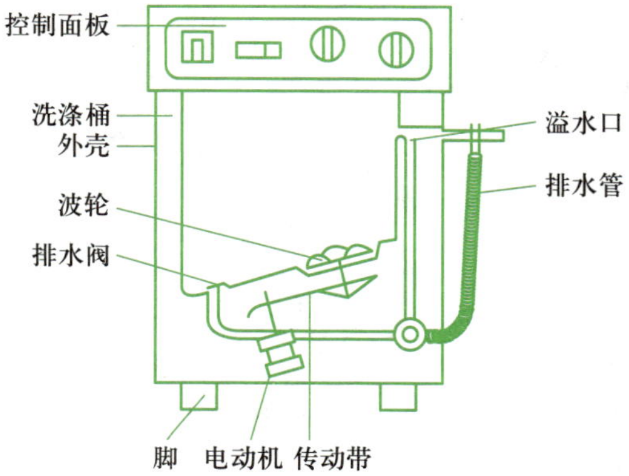

图 2.12　单桶洗衣机结构示意图

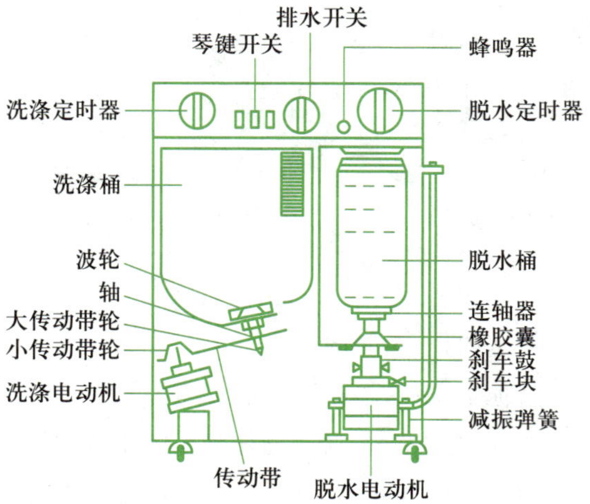

图 2.13　双桶洗衣机结构示意图

③ 套桶式全自动洗衣机

套桶式全自动洗衣机的桶体由同轴的内、外两个桶组成，如图 2.14 所示。外桶是固定的，用来盛放洗涤液，侧壁上开有许多小孔的内桶中盛放衣物。洗涤或漂洗时只有波轮转而内桶不动；在脱水时，内桶与波轮同步高速运转。

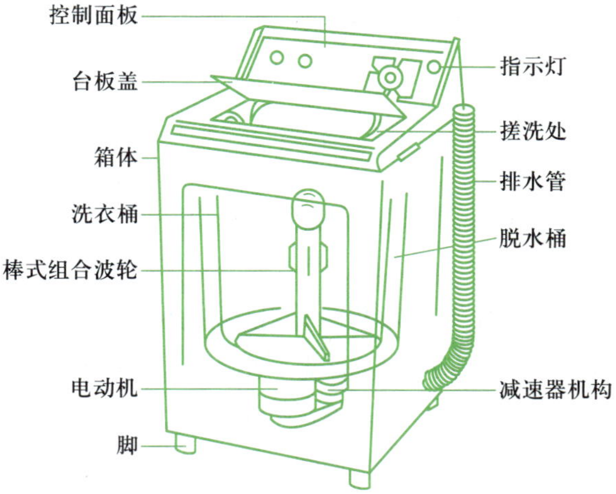

图 2.14 套桶式全自动洗衣机结构示意图

(4) 新型洗衣机

下面介绍几种新型洗衣机。

① 气泡式全自动洗衣机

这种洗衣机是利用空气产生气泡，再利用气泡破裂时产生的能量来提高洗净度。同时，由于气泡的作用使洗涤剂能很好地分解，因此，洗涤效果大大提高，而且它比滚筒式洗衣机对衣服的磨损率小，洗涤剂用量还可节省 1/4，是一种很有发展前途的新式洗衣机。

② 高温泡沫全自动洗衣机

这种洗衣机是一种不用水而以高温泡沫代替水的洗衣机。它将洗涤剂罐置于洗衣机底部，将衣物放入洗涤桶后，启动开关，风机工作，将空气送入洗涤剂罐使其产生泡沫。由加热器加热到 70℃ 左右的高温泡沫可洗去衣物上的污垢。然后，衣物进入洗衣机桶旁的消泡装置。全过程只需 5~15 min。

③ 超声波洗衣机

这种洗衣机和目前人们使用的波轮式和滚筒式洗衣机不同，它不是用电动机传动，而是洗涤桶内安装超声波发生器。把衣物浸入洗涤桶内的洗涤液中，衣物纤维周围存在许多气泡，超声波传播过程中遇到气泡，便从一种声阻抗的液体向另一种声阻抗的气泡传播，在气泡上产生漫反射，并使超声波均匀地散射到被洗涤物上，在衣物的纤维表面生成大量气泡，而随着气泡受压破裂，产生冲击波，使污垢受到冲击而振动，最后从衣物上掉下来。由于没有了转动部件，衣物也就不会产生缠绕，磨损率低，是一种很有发展潜力的洗衣机。

④ 电磁洗衣机

这种洗衣机也是一种不用电动机驱动的洗衣机。电磁洗衣机内有四个洗涤头，上面各有一个夹子，可以把洗涤物展伸夹住。每个洗涤头上有一组电磁线圈，接通电源时，电磁线圈使洗涤头振动频率达到 2 500 Hz，从而使织物在洗涤液中很快被洗净。经测试，电磁洗衣机比普通洗衣机省电 75%，省水 50%，是一种节能、节水的新型洗衣机。

⑤ 冷沸腾洗衣机

这种洗衣机是一种根据冷沸腾洗涤原理制成的洗衣机，它能在几秒钟内用泵从洗涤桶的上部将空气抽走，因桶内处于高真空状态，使水呈沸腾状，衣服在泡沫旋涡中反复搅动 1.5~2 min 即可洗净。这种洗衣机无需洗涤剂，不会损伤衣物，还可用来清洗餐具和毛料物件。

2. 洗衣机的型号

为了设计、制造和使用上的方便，以及简化对洗衣机名称、类型和规格的叙述，国家标准 GB/T　4288—2008《家用和类似用途电动洗衣机》规定用字母和数字来表示洗衣机的型号，共六位，前四位和后两位用“-”分开。洗衣机的型号及其含义说明如下：

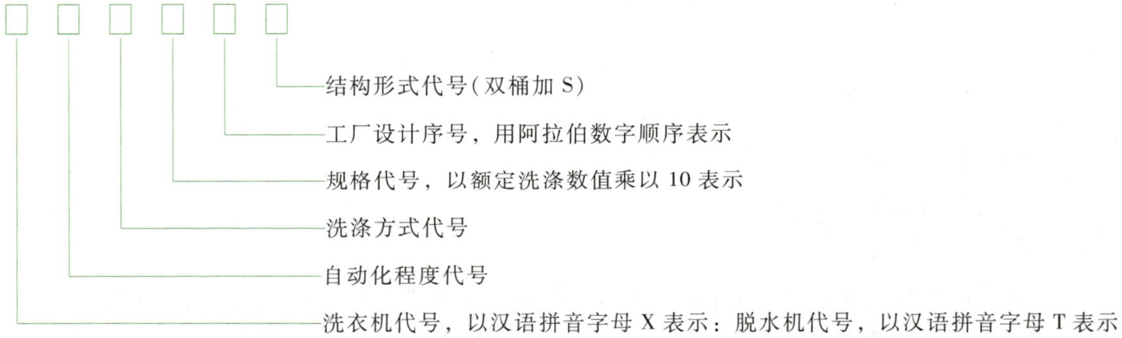

例如，XBB20-1S 型洗衣机，其型号的含义为：双桶式半自动型波轮式洗衣机，洗涤容量为 2 kg，是工厂第一次设计的产品。又如，XPB20-2S 型洗衣机，其型号含义为：双桶式普通型波轮式洗衣机，洗涤容量为 2 kg，是工厂第二次设计的产品。再如，XQB20-6 型洗衣机，其型号含义为：全自动型波轮式洗衣机，洗涤容量为 2 kg，是工厂第六次设计的产品。

二、洗衣机的使用与维护

洗衣机是耐用消费品，使用时有一定的操作程序，必须学会正确使用和保养，才能充分发挥洗衣机的效益。否则，即使洗衣机的质量再好，也会因使用不善，造成费电、费水，对衣物损害大，甚至影响洗衣机寿命，引起触电、火灾等严重后果。

1. 洗衣机的安装

（1）选择放置地点

洗衣机应放置在进出水方便，使用操作方便，通风、遮光的地方；应放置在平坦、坚实的地面上；不要放置在洗澡间等潮湿的地方，也应避免放置在火源附近。

电源插座要接好保护地线，安装位置要适当，便于操作，避免溅湿，电源插座的上端安装合适的熔断器和开关；用截面积为 0.75 mm^2的铜芯导线将三孔插座的接地孔与接地装置连接起来（若使用两孔插座，必须把保护接地线与洗衣机外壳上的接地桩连接），接好后将插头插入插座，用万用表测量洗衣机上人手可能触及的金属部分与接地装置之间的接地电阻值，其值应不大于 0.2 Ω。注意测试时洗衣机应处于不工作状态。

（2）安装进、排水管

普通洗衣机可用临时上水管或手工加水；对一些全自动或半自动洗衣机需安装专用的上水管，把上水管固定在水龙头上，打开水龙头即可使用。洗衣机上均备有排水管，把附带的排水管接在排水管接头上，关上排水阀，把排水管放下，出口放在地面的泄水道口上。

（3）洗衣机的调整

洗衣机应放置于水平位置，如有倾斜，可借助洗衣机上的可调支脚或用薄板等将洗衣机调平，以避免噪音和振动。

2. 洗衣机使用前的准备工作

（1）使用前的检查

检查洗衣机是否已放置妥当，保护地线是否连接完善，排水软管有无波折或弯曲，试验运转检查有无异常现象，检查使用说明书指定的零件、附件是否备齐。

（2）将洗涤衣物分类

按衣物的脏污程度分类，先洗涤较干净的衣物，再洗涤较脏的衣物；按衣物的颜色深浅分类，先洗浅色衣物，再洗深色和易掉色的衣物；按衣物的新旧程度或织物的牢度分类，避免线屑粘在新衣表面；按织物的质料分类，采用不同的洗涤方法和不同的洗涤剂。

（3）确定洗衣量

每次洗衣量如超过洗衣机的额定容量，会损坏机器，同时对衣物的损伤也严重，洗净度也不均匀；如远少于额定量，会造成洗衣机空损耗，浪费水和洗涤剂。

（4）预处理洗涤衣物

仔细检查衣物的各个口袋，取出金属物和坚硬物，抖掉沙土之类的物质；洗涤前衣物一般浸泡半小时为宜。

（5）确定洗涤水的用量

洗衣缸内水量过多，容易飞溅外溢；水量过少，衣物旋转翻滚不良，容易绞在一起，降低洗净度和洗涤均匀程度，并且加大对衣物的磨损。波轮式洗衣机，洗涤用水质量为干衣质量的 15~20 倍，效果良好。一般也可凭经验认为水位高到浸过衣物 2~3 cm 效果较好。滚筒式洗衣机其洗涤用水质量一般为干衣质量的 10~13 倍。

（6）掌握好洗涤水温

洗涤的水温高一些，洗涤效果要好一些，但是并不意味着越高越好，一些人造纤维和精细织物，在高温下容易变形；污垢中的某些成分在高温下容易变质凝固，不易洗净；洗衣机的一些部件用合成材料制成，高温将造成老化和变形。所以，水温一般以40℃为宜，最高不要超过60℃；加水时，应先加冷水再加热水。

（7）选择洗涤剂种类和用量

在洗衣机中，适合选用含活性物较少的低泡型洗涤剂，这样可以很快漂清，减少漂洗的工作量，从而达到省水、省电的目的。当然，碱性大的洗涤剂，适合于洗涤油污较多的棉麻织物；中性或弱碱性的洗涤剂，适合于洗涤丝绸、毛制品；含荧光增白粉的洗涤剂，适合于洗涤白色织物。

（8）洗涤选择

洗涤时间和洗涤的强弱程度按衣物的种类、新旧和脏污程度来确定。一般人认为洗涤时间越长洗净率越高，但实践证明洗涤时间增加到一定程度之后，洗净率几乎无明显提高；相反，洗涤时间太长，不但浪费时间和电力，更重要的是增加了衣物的磨损率。

（9）脱水时间的选择

脱水时间上限为5 min，不同类型的衣物脱水时间不同，薄衫（合成纤维）一般为1 min，毛织品为1~2 min，内衣为2~3 min，床单及毛巾为3~4 min。

三、洗衣机的维护保养

（1）日常维护主要从以下几方面进行：

① 洗衣机外表面部件要防止机械冲击、碰撞或擦伤。应经常用软布擦洗，但注意不能用强碱、汽油和硬毛刷。

② 每次用完洗衣机后，应排净污水并用清水冲洗，擦干内桶及箱体，清除积存的线屑、杂物，收起电源线及排水管，盘好后挂在指定位置。面板上各旋钮、按键均应恢复原位，排水开关应指在“关”的位置。

③ 洗涤完毕后应打开上盖一段时间，使机内残留水分蒸发出去，以免因潮气锈蚀机件。平时不要用塑料或其他布料将洗衣机紧紧捂住，应保持箱体通风。

④ 洗衣机台板不要当作台子使用，严禁放置热水壶、燃烧的香烟、香蕉水等。

（2）定期检查主要从以下几方面进行：

① 经常注意和检查电源线，不可有绝缘皮破坏或露出导电芯的现象，确保洗衣机始终处于安全状态。

② 波轮式洗衣机每年应将波轮轴拆洗一次，加上适量润滑油，其他转动部分至少半年加润滑油一次。

③ 应经常注意检查波轮、大小传动带轮的螺栓有无松动，如有松动现象，应及时拧紧。

④ 不要通过拽拉电源线来拔下洗衣机电源插头。

⑤ 用户家中应有规格适宜的熔断器等过载保险装置，电能表、电线、插座应能承受15 A的电流。若需更换电源线，应由专业人员更换或与特约维修点联系。

⑥ 当赤脚或手脚有水时，请勿触及和使用洗衣机。

⑦ 不要使用易燃清洁剂、干洗液等化学药品洗涤衣物。可燃性喷雾剂不要靠近洗衣机使用。当煤气、易燃气体泄漏时，不要插拔洗衣机电源插头。

⑧ 洗衣机在加热时机门较热，在排出热水时小心烫伤。

⑨ 洗衣机不能安装在露天和太潮湿的环境下，避免电子器件上结有水珠造成打火、损坏或引起其他事故。如洗衣机的电子器件上不慎淋上水或漏进水，需通风晾干后使用。

⑩ 洗衣机不能直接放在不透风的地毯上使用，不要紧贴于墙边或家具旁，以免发生其他意外。洗衣机安装后，注意不要堵住底部通风口。

⑪ 要远离热源及阳光直射的地方，以防塑料件、橡胶件的老化。

⑫ 安装过程中，洗衣机底脚不能压电源线，电源线不能有折断、压细等问题。为了安全，严禁自行拆装洗衣机。

（3）使用方面应注意的事项：

① 因自来水压力有波动，每次洗衣前应对进水管、水龙头、排水管连接处进行检查，确认连接是否牢固，若发现水管连接松动或出现漏水、渗水现象，应关闭水龙头，做妥善处理或与维修人员联系，连接好后再使用。

② 选择洗衣程序时，程序旋钮顺时针、逆时针方向旋转均可。

③ 洗衣机台面上不要放置重物、发热器具及易漏液体的物品，以免导致台面及塑料件的变形。

④ 不要热洗含泡沫橡胶或类似弹性材料的物品。

⑤ 洗衣前，应将衣物上的拉链拉上，将衣扣、衣带等零碎物件处理好，开线处缝好，细小物品如袜子、带子等应放入洗衣袋或枕头套内洗涤，以免细小物品滑入洗衣机内、外筒之间的空隙中。

⑥ 在执行程序期间，不要打开洗涤剂分配器盒，以免洗涤剂冲不净。

⑦ 机门设有自锁保险装置。洗衣程序结束或断电 2~3 min 后，方可打开机门！切记在此之前不要强行开门，以免损坏门保险。洗衣机内水位超过观察窗垫下边缘时，请勿打开机门。

⑧ 每次洗涤结束后，应关闭水龙头，以免因水压波动发生漏水、渗水现象，并拔下电源插头，将观察窗垫夹层清理干净，以防脏物再次粘到衣物上或使窗垫表面发霉。

⑨ 洗衣机不用时，不要紧闭机门，防止有异味及机门闭塞难开，洗衣机外不要套塑料袋。以免潮气不易排出。

⑩ 洗衣机在使用中不要变换选择开关，以免开关带负荷工作，造成触点烧坏。

⑪ 洗衣机在无水时不得长时间开机运转，防止轴封过热而降低寿命。

⑫ 洗衣机运转过程中，不要用手摸拿洗涤衣物，这样洗涤衣物易卷夹手指或波轮打伤手指。

⑬ 洗衣机在脱水工作时，一般不要打开脱水桶护盖，否则将因脱水机构经常急刹车而影响其使用寿命。在往脱水桶放待脱水衣物时，一定要放平、压紧。

⑭ 要注意不能把水淋洒在机箱面板上，以免影响机器的使用寿命。

四、常见故障现象及处理方法

洗衣机常见的故障现象有洗涤部分不能转动、脱水桶抖动、噪声大等，具体的故障现象及处理方法见表 2.12。

表 2.12 洗衣机常见故障现象及处理方法

故障现象	可能原因	处理方法
通电后不进水	自来水水压太低	检查水压，如自来水流量太小，只能待其正常后再使用
	进水电磁阀金属过滤网被杂物堵塞	检查过滤网，如有杂物堵塞，则清除
	进水电磁阀线圈烧毁	用万用表检测进水电磁阀线圈，如损坏则更换
	水位开关触点接触不良	检查水位开关触点，如有问题则更换
洗涤部分不能转动	熔断器熔断	更换同规格的熔断器
	波轮被布条缠住	卸下波轮，清除布条及杂物
	按键开关的公共引线脱焊或折断	焊好或更换折断的引线
	洗涤电动机定子绕组短路或断路	卸下电动机检修
	定子、转子铁心相碰等机械故障	卸下电动机检修
波轮转速慢	传送带过松、打滑	收紧传送带
	带轮的固定螺钉松动	拧紧紧固螺钉
	洗涤电动机的电容器电容量减小	更换同规格电容器
	波轮轴与轴承配合较紧	添加润滑油或拆开清洗
	洗衣量过多	适当减小洗衣量
脱水桶抖动	放入脱水桶的衣物未压紧压平，失去平衡	使衣物放平压好
	支撑脱水电动机的三个防振弹簧不等高，使脱水桶倾斜	卸下防振弹簧检查，对短弹簧加垫片或截断较长弹簧高出部分
噪声大	整机安放不平	调节底脚螺钉、螺母或垫平四个底脚
	传送带过紧	调整洗涤电动机的位置，使传送带松紧适度或更换传送带
	波轮轴与轴承磨损或缺少润滑油	更换波轮组件或注入润滑油
	波轮变形磨损洗涤桶	更换同规格的波轮
	洗涤电动机的防振橡胶垫圈变质或脱落	更换防振橡胶垫圈
	脱水轴与轴承严重磨损或缺少润滑油	更换脱水轴或轴承，或添加优质润滑油

续表

故障现象	可能原因	处理方法
电动机温度过高	洗衣量过多，使电动机过载	适当减少洗衣量
	电动机轴承严重磨损	检修或更换电动机轴承
	电动机定子绕组短路	卸下电动机检修绕组
	传动带过紧，磨损过大，使电动机过载	适当调节传动带的张力
洗涤筒漏水	波轮轴套紧固螺母松动或橡胶垫圈损坏	拧紧轴套紧固螺母或更换橡胶垫圈
	波轮轴的密封圈损坏	更换同规格的密封圈
	筒体出现裂缝	用胶粘补或更换同规格的脱水桶
脱水外筒漏水	脱水轴密封圈损坏或变形，橡胶垫圈开裂	更换橡胶垫圈
	波轮轴的密封圈损坏	更换同规格的密封圈
	脱水外筒有裂纹	用胶粘补或更换同规格的脱水桶
排水困难或不畅	排水管未降低	降低排水管的位置
	排水管扭结或残渣积聚堵塞	整理排水管，清除堵塞杂物，清洗排水管
	排水拉带过长，排水旋钮在开关位置阀门不能打开	调整拉带长度，使阀门排水时间小于 2 min，断开时阀能堵住排水管
衣物磨损严重	波轮、筒内壁、过滤网等零件有毛刺	检查并修理毛刺部位
	用水量过少，衣物和转动波轮摩擦	根据衣物多少，用水量要适当

2.7 电冰箱的使用与维护

应知应会：

1. 理解电冰箱的种类及型号的含义。
2. 能正确使用与维护电冰箱。
3. 能够对电冰箱的故障现象进行分析与处理。

世界上第一台电冰箱于20世纪初由美国制造成功。我国的电冰箱在20世纪80年代以后获得迅速发展。1988年我国电冰箱生产实施了生产许可制度，1994年实行了强制性安全认证管理。目前我国已成为世界上最大的电冰箱生产国。电冰箱产品品种繁多，已形成多种规格系列，常见电冰箱的外形如图2.15所示。

(a)　　　　(b)

图 2.15　常见电冰箱的外形

一、电冰箱的种类与型号

1. 电冰箱的种类

电冰箱是一种高档、耐用的家用电器，它的种类很多，一般有表 2.13 所示的几种分类。

表 2.13　电冰箱的分类

序　号	分类方式	类　别
1	按门数不同分类	单门电冰箱 双门电冰箱 三门电冰箱 多门电冰箱
2	按放置方式不同分类	立式电冰箱 卧式电冰箱 台式电冰箱
3	按功能不同分类	冷藏箱 冷藏冷冻箱 冷冻箱

续表

序 号	分类方式	类 别
4	按工作原理不同分类	压缩式电冰箱 吸收式电冰箱 半导体电冰箱 化学电冰箱 电磁振动式电冰箱 太阳能电冰箱
5	按冷却方式不同分类	直冷式电冰箱 间冷式电冰箱 直间并用式电冰箱

（1）按门数不同分类

① 单门电冰箱　单门电冰箱结构简单，它的框身面积小，容量和冷藏室也较小，冷藏室和冷冻室组合在一个箱体内，没有专门的冷冻室，只用蒸发器内部作冷冻室，温度一般在-6～-18℃。蒸发器下面是冷藏室，冷藏室的温度可以控制在0～10℃之间。这类电冰箱的结构使得冷气是由蒸发器自上向下传递，所以冷藏室上部温度较低，而下部温度较高。

② 双门电冰箱　双门电冰箱有专门的冷冻室，冷冻室和冷藏室备有独立的箱门。其冷冻室的面积较单门电冰箱大，占电冰箱总容量的1/4～1/3，所以可储藏较多的冷冻食物。双门电冰箱的温度比单门电冰箱的要低，一般在-12℃以下，甚至在-18℃以下。由于双门电冰箱内、外温差大，冷量散失也较多，所以耗电量明显增多。

③ 三门电冰箱　三门电冰箱比双门电冰箱增加了一个单独的果蔬室，三个箱形成三个不同温区，适合储藏具有不同温度要求的各种食品，而且在存取食物时相互不干扰。

④ 多门电冰箱　多门电冰箱是一种容量更大（多数在300 L以上）、多功能的电冰箱。它除了冷冻室、冷藏室、果蔬室外，还有超冷藏室（1～-1℃）、微冻室（-1～-3℃）等，使储藏食物的效果更好。一般多门电冰箱做成抽屉式结构，相互独立，互不影响。

（2）按放置方式不同分类

① 立式电冰箱　立式电冰箱其高度远远大于宽度和长度，目前大多数电冰箱属于此种类型。立式电冰箱箱门设在正前方，箱内由下而上设有多层盛放食物的结构。箱体占地面积小，充分利用了房间的高度空间，但冷气易随箱门的开闭外泄。

② 卧式电冰箱　卧式电冰箱其横向尺寸大于高度尺寸，箱门一般设在顶部。卧式电冰箱占地面积大，但其冷气不易外泄，此类电冰箱多为冷冻型电冰箱。

③ 台式电冰箱　台式电冰箱一般为小型电冰箱，箱体近似正方体，容积较小。可放置在台面或桌面使用，多为冷藏箱，适于短时间储藏食物、冷饮等。

（3）按功能不同分类

① 冷藏箱　冷藏箱是指电冰箱内大部分空间用于冷却储藏，所以这部分空间温度保持在1～10℃，箱内上部有一由蒸发器围成的较小空间，即冷冻室，其温度一般不低于-10℃，可用于制取少量冰块及冷冻少量食物。这类电冰箱一般制成单门形式，容积通常在170 L以下。

② 冷藏冷冻箱　冷藏冷冻箱既有冷藏室也有冷冻室，两室相互独立设门，取放食物互不干扰。冷冻室温度保持在-12℃（或-18℃）以下，冷冻室面积较大，可储藏较多的冷冻食物。冷藏室温度控制在0～10℃，并由搁架分成几个空间。冷冻室和冷藏室之间彼此隔热，通常制成双门、三门等，容积一般为100～250 L。

③ 冷冻箱　冷冻箱专门用来冷冻和储存冷冻食品，箱内温度一般保持在-18℃以下。多为卧式形式。

（4）按工作原理不同分类

① 压缩式电冰箱　压缩式电冰箱也称为电动机压缩式电冰箱。这类电冰箱由电动机带动压缩机工作，使制冷剂经压缩、冷凝、蒸发、再压缩实现循环。制冷剂在蒸发过程中吸收周围空间的热量而实现降温。目前90%以上电冰箱属于这一类型。

压缩式电冰箱的工作原理是利用制冷剂气化吸热和液化放热而循环工作。图2.16所示为压缩式电冰箱制冷循环系统原理图。当制冷剂在压缩机内被压缩后，进入冷凝器（在电冰箱背面上部，为黑色网状结构，以利散热），在冷凝器中，高压气态制冷剂通过网状管壁向外散热变为液态制冷剂，然后经过干燥过滤器，滤掉水分和杂质。毛细管有节流降压降温作用，同时有少部分的液态制冷剂在毛细管内吸收了自身的热量而气化，温度随之降低。这种低压、低温的制冷剂进入蒸发器（在冷冻室的内壁周围，一般由铜或铝制成），由于蒸发器管路直径要比毛细管大得多，所以由毛细管排入蒸发器的制冷液体突然膨胀，压强迅速降低，从而沸腾气化，从冷冻室吸收热量变为低压蒸气。最后，压缩机再将蒸发器中的气态制冷剂压入冷凝器中，完成一个制冷循环。压缩机使制冷剂连续不断地循环，每循环一次，制冷剂就从蒸发器吸收一部分热量，使冰箱冷冻室的温度降低一次。

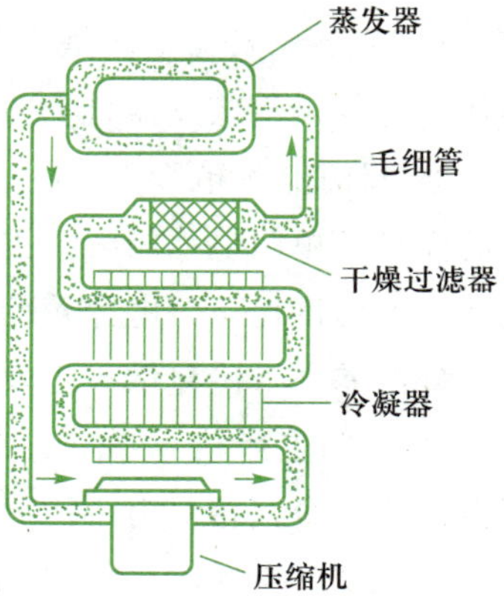

图2.16　压缩式电冰箱制冷循环系统原理图

冷冻室的温度一般控制在0～-20℃之间。冷藏室是靠电冰箱内空气上下的自然对流而降低温度的，一般可控制在0～10℃之间。

② 吸收式电冰箱　吸收式电冰箱以热源（如煤气、煤油、电等）作为动力，利用氨-水-氢的混合溶液在连续吸收、扩散过程中达到制冷目的。这类电冰箱能量转换速率低，降温速度慢，所以产量低。但它没有机械运转部件，性能可靠，造价低，并且可以利用多种能源，从我国能源缺乏的情况来看，仍具有潜在的发展前途。

③ 半导体电冰箱 半导体电冰箱是利用半导体PN结，通以直流电时在PN结上产生珀尔帖效应（也称温差电效应），使一个极放热，一个极吸热来实现制冷。这是一种理想的电冰箱，它无复杂的机械部件，制造方便，降温速度快。但其造价高，制冷量小，所以目前产品也很少。

④ 化学电冰箱 化学电冰箱是利用某些化学物质溶解于水时强烈吸热而获得制冷效果的电冰箱。

⑤ 电磁振动式电冰箱 这种电冰箱是利用电磁振动机作为动力来驱动压缩机工作的。其原理、结构与压缩式电冰箱基本相同。

⑥ 太阳能电冰箱 太阳能电冰箱是以太阳能作为制冷能源的电冰箱。

（5）按制冷方式不同分类

① 直冷式电冰箱 直冷式电冰箱是利用冷、热空气密度不同，电冰箱内空气自然对流的方式来冷却食品。这类电冰箱蒸发器的金属表面直接与食品或空气接触，蒸发器表面易结霜，所以又称为有霜冰箱，单门电冰箱一般都属于直冷式电冰箱。直冷式电冰箱常将蒸发器安装在电冰箱上部，蒸发器周围的空气要与蒸发器产生热交换。蒸发器从周围空气吸收热量，使其温度降低，降温空气因密度增大而向下运动。电冰箱内下部的空气要与被冷却的食物产生热交换，食物把热量传递给空气，使空气温度回升，高温空气因密度减小，又上升到蒸发器周围，把热量传递给蒸发器，冷、热空气就这样循环往复地自然对流从而达到制冷目的。由于仅靠自然对流冷却，所以电冰箱内温度均匀性不好。

② 间冷式电冰箱 间冷式电冰箱其蒸发器安装在冷冻室和冷藏室之间，利用风扇强制箱内空气循环，以达到冷却目的。这类电冰箱冷冻室内无霜或结霜很少，因而免去除霜的麻烦。间冷式电冰箱由于冷气是强制循环的，所以冷藏室降温快，温度均匀。这类电冰箱结构复杂，冷冻速度不如直冷式快，耗电量大。

③ 直间并用式电冰箱 直间并用式电冰箱同时装有间冷式蒸发器和直冷式蒸发器，它具有速冻功能。这类电冰箱具有直、间冷式两种电冰箱的优点，但结构复杂。

根据电冰箱冷冻室保持的温度不同，电冰箱可分为不同等级，并以“*”表示，电冰箱要求在冷冻室的门（或盖）的前方设有星级标志，每一星号代表的温度为-6℃。每一星号代表的温度是指食品放入冷冻室内可以长期保持的温度。各星级表示的温度等级见表2.14。

表2.14 各星级表示的温度等级

星级	符号	冷冻室温度	冷冻食品大约保持时间
一星级	*	<-6℃	1个星期
二星级	* *	<-12℃	1个月
高二星级	* *	<-15℃	1.8个月

续表

星　级	符　号	冷冻室温度	冷冻食品大约保持时间
三星级	* * *	<-18℃	3 个月
四星级	* * * *	<-24℃	6 ~8 个月

可见，星级越多，冷冻室温度越低，储存食品时间越长，当然耗电也就多。

另外，根据电冰箱使用时所能适应的环境范围，电冰箱分为亚温带型、温带型、亚热带型和热带型，它们所适应的气候环境（即正常使用的环境温度）见表 2. 15。

表 2. 15　电冰箱正常使用的环境温度

冰 箱 类 型	环 境 温 度
亚温带型	10 ~32℃
温带型	16 ~32℃
亚热带型	18 ~38℃
热带型	18 ~43℃

我国生产的电冰箱，多数属于热带型，其箱体厚度约为 40 mm（温热带型的箱体厚度约为 20 mm）。

2. 电冰箱的型号

根据国家标准 GB/T　8059—1995《家用制冷器具冷藏箱》：电动机压缩式家用电冰箱的产品型号由五部分组成，型号意义表示如下：

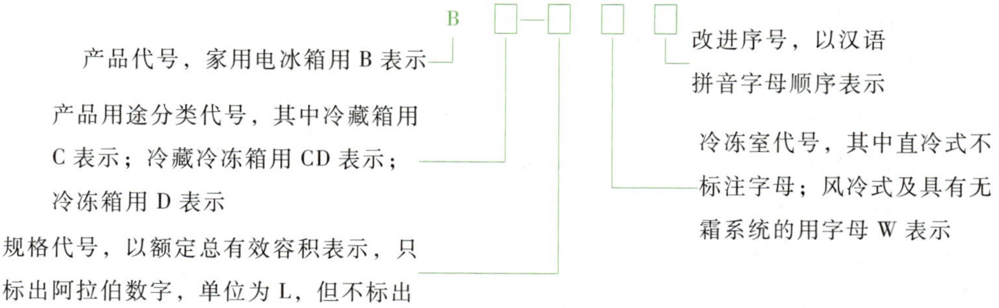

例如，BC-150 表示 150 L 电动机压缩式家用冷藏箱；BCD-180WB 表示第二次改进设计的 180 L 家用无霜冷藏冷冻箱。

二、电冰箱使用与维护

1. 电冰箱的检查

电冰箱在使用前可进行一些基本的检查。

(1) 外观检查。电冰箱箱体不应有明显缺陷，铭牌和一切标志应齐全，管路接头不得有脱焊现象，各部件的紧固螺钉应无松动，门把手安装牢固，箱体内侧不得有裂纹或变形，电冰箱底部前脚的调平螺钉应能使电冰箱稳定不晃动。

（2）气密性检查。门封应有良好的气密封，门封四周平面应平直，四角不应有起翘现象。磁性门封的吸力要足够大，一般箱门的开启力应不小于 15 N，箱门应开关灵活，关闭冰箱门时，当开口距箱体 3~5 mm 时，箱门应能自动吸合紧闭。关闭后，目测磁性门封和箱体之间不应有明显缝隙。为此可用下列方法测试：将一厚 0.08 mm、宽 50 mm、长 200 mm 的纸片，垂直插入门封任何一处，不应有自由滑落现象。或将一手电筒打开放入电冰箱内，关好箱门，在门封任何部位均不得发现亮光。

（3）制冷系统密封性检查。仔细检查制冷系统管路及接头焊口处，查看是否有油污，若有油污，就可能有制冷剂泄漏。另外，还可对怀疑处用涂肥皂水的方法试验，若有起泡现象，则泄漏无疑。

（4）电冰箱电源线应采用三极电源插头，其接地极要与电冰箱非带电金属可靠连接。电源线引出根部要紧固好，不得松动。通电检查之前，要检查电冰箱有无漏电现象，即用试电笔测试不得有光亮，用手背接触外壳金属应无电麻感。

（5）接通电源后，当温控器旋至“停止”位置时，电冰箱不应启动，但旋离“停止”位置时，在电网电压正常情况下，应能正常启动。电冰箱运转时，振动和噪音要小，手触摸压缩机应有振动感觉。压缩机在运转中，不得有异常声响，其产生的噪音在离电冰箱 1 m 以外，应听不到明显的压缩机运转声。

（6）将温控器旋钮置中间位置，开机运行 15~20 min，用手触摸蒸发器表面，应有均匀的结霜，用湿手接触有粘手的感觉。蒸发器各处温度应差不多，冷凝器也应该是热的，温度也比较均匀。

（7）电冰箱照明灯检查。将箱门打开 10 mm 以上时，照明灯应点亮，关门时，将箱门关至离箱体 10 mm 左右时，照明灯应自动熄灭，否则说明照明灯工作不正常。

（8）化霜性能检查。在电冰箱内温度较低的情况下，按下化霜按钮，压缩机应停止转动。这时可打开箱门，使箱内温度迅速升高，则按钮应能自动复位，压缩机又能自动转动。

2. 电冰箱使用的安全注意事项

（1）国产电冰箱使用交流 220 V/50 Hz 的电源，若电压波动范围较大（超过 187~242 V 的范围），有可能造成电冰箱不启动、压缩机烧坏或压缩机工作声音异常等故障。此时必须加装 750 W 以上的自动稳压器配合使用。

（2）必须使用独立专用插座并进行可靠接地。电冰箱的电源配有三线（接地）插头，与标准三线（接地）插座匹配。在任何情况下，切勿切除或拆除电源线的第三插脚（接地）。电冰箱安装到位后，插头应能可靠插入插座中，以方便使用。

（3）不要损坏电源线：

① 切勿以拉扯电源线的方法拔出电冰箱的插头，一定要紧紧握住插头，从插座中直接

拔出。

② 不要让箱体压住电源线或人为踩踏电源线。

③ 将电冰箱移离墙壁时，应小心谨慎，切勿损坏电源线。

（4）当电源线出现破损或插头出现磨损时，切勿使用。电源线磨损或损坏，必须更换。

（5）有煤气等易燃气体泄漏时，应做到：

① 关闭气体泄漏的阀门。

② 开门窗。

③ 不要拔或插电冰箱等电器的电源插头。

（6）以下情况应拔下电源插头：

① 清洁及维修前，应拔下电冰箱的电源插头。

② 更换损坏的照明灯时，应拔掉电冰箱的电源插头，以防触电。

（7）电冰箱内严禁放入易燃、易爆的危险品及强腐蚀性的酸、碱物等。

（8）在电冰箱附近，切勿存放或使用汽油及其他易燃物品，以免引起火灾。

（9）按国家标准的规定，家用电冰箱只适用于储藏食品，不能用于其他用途。如储血液、药品和生物制品等。

（10）为安全起见，建议不要在电冰箱台面上放置电源插座、微波炉等电器，也不要在电冰箱内部使用电器（推荐型号除外），以免发生电磁干扰或其他意外。

（11）不要在电冰箱上部放置不稳定的物品（重物、有水的容器），以免掉下伤人或溢水导致漏电。

（12）电冰箱开始运行之后，切勿用手触摸冷冻室的冰冷表面，尤其是手湿的时候。否则，皮肤可能会粘在这些冰冷的表面上。

（13）不要用水冲洗冰箱，也不要将电冰箱放置在潮湿、易溅上水的地方，以免影响电冰箱的电气绝缘性能。

（14）严禁私自拆卸、改装电冰箱，禁止损坏制冷管路。维修电冰箱必须请专业人员。

（15）请勿把瓶装啤酒、饮料等放入冷冻室，以防冻裂。

（16）电冰箱应放置在远离热源并避免太阳光直射的地方，以免影响电冰箱的工作性能。

（17）电冰箱需放置于平坦、坚固的地面上，如需垫高，需选择平稳、坚硬、不可燃的垫块，切勿将电冰箱的包装泡沫垫块用来垫高电冰箱。如果稍有不稳，可调整电冰箱前部的黑色可调底脚：按顺时针方向旋转可调底脚，可以提高电冰箱高度：按逆时针方向旋转，可以降低电冰箱高度。

（18）停电或清洁冰箱时，应拔下电源插头，至少保持间隔 5 min，才能再次接通电源，以防因连续启动电冰箱而损坏压缩机。

3. 电冰箱的使用

（1）使用电冰箱时的注意事项

① 电源熔断器应按规定的额定电流选用。

② 不要把乙醚、酒精、汽油等挥发性的化学品靠近电冰箱，以免造成火灾或爆炸事故。

③ 切忌用水喷洒电冰箱的背面，否则会影响电气元件的绝缘性。

④ 电冰箱框顶台面不要放置微波炉、茶壶等发热器具或重物。因过热的器具会烧坏塑料配件；重物可能会压坏台面和损坏机器。

⑤ 电冰箱背面机械部分温度较高，不要用手触摸，也不要让电源线贴近该处，以免烧坏电源线，引起漏电事故。

⑥ 一旦电源中断时，要停 5 min 左右，然后再接通电源启动电冰箱。如果立即接入电源，电气部分可能会暂时不启动。

⑦ 初次使用电冰箱，接通电源后，要等电冰箱温度降低（一般需要数小时）方可储存食品。

（2）食品的储存

为了使电冰箱的冷藏室和冷冻室有最佳的冷藏和冷冻效果，储存食品时，一般应注意以下几点：

① 冷藏室的空气是从后面下降，从前面上升的。因此，要根据不同的食物品种放在冷藏室的不同位置。通常鱼和肉类等新鲜食物以放在冷藏室最上面的格架内为宜，此处最靠近蒸发器，它的温度较低，冷藏效果较好。

② 食品与食品之间，食品与箱壁之间，应留有一定空隙，以便冷空气循环流动，提高冷藏效果。

③ 易干燥的食品，必须用铝箔或塑料薄膜包好，以防止食物味道散失或其他气味散到食品中。

④ 需要储存 3 天以上的食物，应存入冷冻室予以冻结。

（3）箱内温度调节

如果温度控制器的位置不变，但环境温度发生变化，或箱内存放的食品数量有所增减，箱内的温度需要及时调节。

① 当环境温度在 10~20℃之间时，温度控制器旋到低位置。

② 当环境温度在 20~30℃之间时，温度控制器旋到中间位置。

③ 当环境温度在 30~40℃之间时，温度控制器旋到最大数字（或强冷）。

（4）电冰箱的除霜法

电冰箱在平时的使用中，箱内的水汽会在冷藏室和冷冻室的壁上结一层霜。这些冰霜不及时清除，会大大降低制冷效果。因此，较好的电冰箱都设有半自动或会自动化霜系统，系统经过一定的时间间隔，应人工按下化霜按钮或自动实行化霜。对于老式的电冰箱，可停止运行一段时间或在蒸发器内放置热水，让霜慢慢融化。

冷冻室化霜时，应把冰盘的冰块和冷冻的食品取出来，然后用硬塑料或木片铲除冰霜。

清除时切忌使用锋利的工具，以免损坏冷冻室或蒸发器。冷藏室的冰霜在化霜机构动作后会自动消除。化霜结束后，电冰箱会自动投入运转。

（5）电冰箱的定期清理

无论是有霜或无霜，电冰箱在使用一段时间后，内部都需要进行清理，方法如下：

① 关掉电源，让电冰箱停止工作。

② 将可以取出的部件，全部取出用水清洗，然后放回原来的位置。

③ 清洗电冰箱内部时要用软布或海绵蘸些清温水或中性清洗液轻轻擦拭，然后用清水清洗整个电冰箱并用布擦干。

④ 切忌在电冰箱表面用硬刷子或任何有腐蚀性的清洁剂擦洗。清洗时要注意保护电器件，有些部位只需用稍湿的软布擦拭干净即可。

（6）停电时的应急措施

① 如果是突然停电，不要马上打开电冰箱门，因为食物仍可在箱内保鲜数小时。

② 如果已预先通知停电，可以在停电前把电冰箱的调温旋钮转到“强冷”位置，或事先制造大冰块放在冷藏室的最上格，这样可保证电冰箱内具有充分的冷冻和冷藏条件，但此时不宜添储新食品。

4. 电冰箱的维护

电冰箱一旦产生故障，应根据现象找出故障的部位，及时维护或维修，但下列几种情况属于正常现象，不要认为是故障。

（1）电冰箱在使用过程中，冷冻液在管路和蒸发器内流动发出流水声音。在压缩机停转以后的 1~2 min 时间内，仍可听到这种流水声。相反，若没有声音，则可能是制冷系统有堵塞故障。

（2）电冰箱启动或停止时可听到“嚓”或“咔嚓”的声音，这是重锤式继电器、热保护器或化霜定时器的触点断开或闭合所发出的声音，是正常现象，有时还伴随着振动声。

（3）有的电冰箱上部可听到“滴答”声或吹风声，是电冰箱自动化霜时化霜定时器发出的声音。吹风声是间冷式电冰箱上部的小风扇转动时发出的声响，也是正常现象。

（4）电冰箱箱门四周或门隔中梁处发热，是由于安装了加热除霜装置所致。有的安装了大约 15 W 的电热器；有的安装了冷凝管道，利用压缩机排出的高温、高压制冷剂的热量来除霜，其温度有时可达 40℃，是生产厂家特意设计的，并非故障。

（5）电冰箱发出“噼啪”声。有的电冰箱在开始运转或停止运转几分钟后，听到的“噼啪”声大多发生在蒸发器或冷凝器上，是正常现象。

“噼啪”声发生在蒸发器上的原因是：随着压缩机的开停，蒸发器的温度发生一冷一热的变化，铝质蒸发器就要随之产生热胀冷缩，由于单门电冰箱的蒸发器是吊装在箱体顶部的，如果吊装部位热胀冷缩不均匀，就会使吊装部位冻结的薄冰爆裂，从而发出“噼啪”声。

“噼啪”声也常发生在百叶窗式冷凝器上，其原因是：百叶窗式冷凝器本身存在冷却管道与散热片之间松动的现象，加上两者采用不同材料组成，随着压缩机的开停，冷凝器发生一冷一热的变化，由于热胀冷缩不均匀，两者之间便产生错动而发出“噼啪”声。这种“噼啪”声不会影响电冰箱的使用寿命。

三、常见故障现象及处理方法

电冰箱常见故障主要发生在制冷系统和电路控制系统中，故障产生的原因及处理方法见表2.16。

表2.16　电冰箱常见故障现象及处理方法

故障现象	可能原因	处理方法
压缩机运转但不制冷或制冷效果差	制冷剂泄漏	灌制冷剂
	压缩机活塞穿孔等	更换压缩机
	毛细管内的水分冻结造成冻堵，脏物积聚造成脏堵，过滤器部分堵塞	用手摸蒸发器不冰手，说明毛细管或过滤器有堵塞现象，需要维修
压缩机外壳太热	环境温度太高，造成压缩机运转不停	为了保护电冰箱，只好适当提高箱内温度，使压缩机有开有停
	开电冰箱门次数过多，时间过长，造成压缩机运转不停	开电冰箱门次数要少，时间要短
	压缩机润滑不良	需要维修压缩机
压缩机运转不停	环境温度太高	环境温度高于43℃运转不停不算有故障
	箱内存放食品过多	不要放入热食品，清理放入过多的食品
	冷凝器积满灰尘、油污，散热不良	用洗衣粉温水溶液擦洗
	箱门门封损坏，箱内冷气外逸	更换门封
	温度控制器里的快跳微动开关触点粘连	需要维修相关触点
	制冷剂泄漏	检查制冷系统的管路，特别注意接头处，如果发现有油渗出，说明制冷剂泄漏，焊好管路并灌制冷剂
漏电	感应漏电，这是因为存在着分布电容和自感电动势，箱体上存在着感应电流，而箱体又没有良好接地造成的	使箱体妥善接地
	温度控制器漏电，主要是温度控制器内凝露过多，使触点和箱体短路造成的	定期化霜，并且清除箱内积水，避免箱内湿度过高，如果温度控制器的胶木绝缘不好，要更换
	压缩机组漏电	用兆欧表或万用表电阻挡测量电动机绕组和外壳之间的电阻，如果电阻值很小，说明漏电，需要维修

2.8　空调器的使用与维护

应知应会：

1. 理解空调器的类型及型号的含义。
2. 能够正确地使用与维护空调器。
3. 能够对空调器的故障现象进行分析与处理。

空调器是空气调节器的简称，它是一种对人们生活和工作环境中空气的诸多因素进行人工调节和控制的电气装置。体现高科技的空调产品必将取代仅仅具备了制冷、制热功能的低技术含量的空调产品。空调器的发展方向首先是有益于健康，健康的空气舒适指数主要从空气洁净度、空调气流的舒适度、空气温湿度控制技术三方面来衡量。从技术上来说，主要有多重空气过滤技术、等离子技术、负离子技术、多元光触媒技术、环绕立体送风技术、自动除湿和加湿等技术。其次是节能环保，从空调产品节能技术的演变上，已经实现了从最初的定频空调器到变频空调器。这类空调产品具有高效数字直流变频压缩机、数字传感器、数字直流电机等。然后是人性化，使用方便。人机互动是更高层次要求。还具有多种视窗显示（VFD 点阵液晶、LED 显示）的空调器；具有夜光显示功能的遥控器；具有语音声控功能的空调器等。最后是网络化，新型空调产品预留网络接口，实现网络开放，通过选配的网络控制器可实现网络遥控；通过集中控制器可实现通知控制多台空调器，为智能化小区物业管理提供便利。常见的空调器的外形如图 2.17 所示。

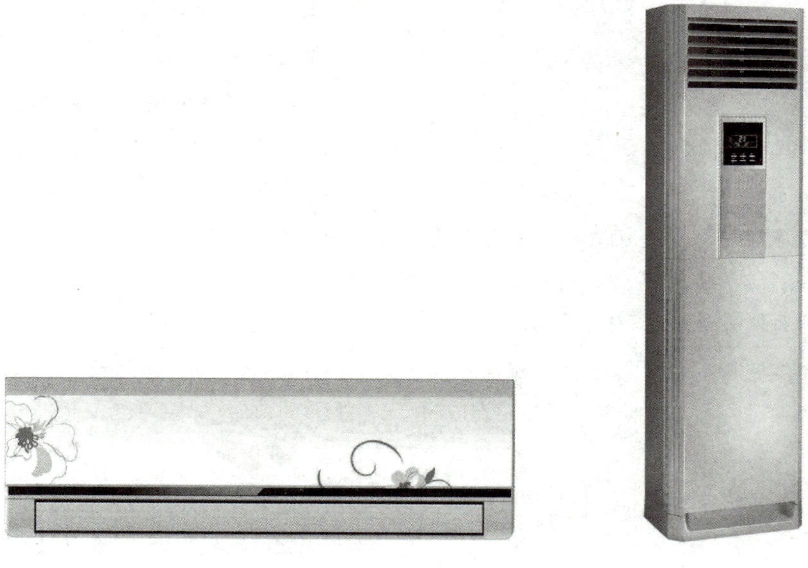

(a)　　(b)

图 2.17　常见的空调器的外形

一、空调器的类型与型号

1. 空调器的分类

根据国家有关标准规定，空调器可按下面形式分类：

（1）按结构形式分：分为整体式和分体式。整体式空调器包括窗式和穿墙式，其代号为C。分体式空调器，其代号为F，分室内机组和室外机组，室内机组可做成挂壁式、吊顶式、落地式、嵌入式和天井式等，其代号分别为G、D、L、Q和T；室外机组代号为W。

（2）按主要功能分：分为冷风型空调器，其代号省略；电热型空调器，其代号为D；热泵型空调器，其代号为R；变频空调器，其代号为BP；遥控空调器，其代号为Y。

2. 空调器的型号表示方法：

按照国家有关标准规定，房间空调器的型号含义如下：

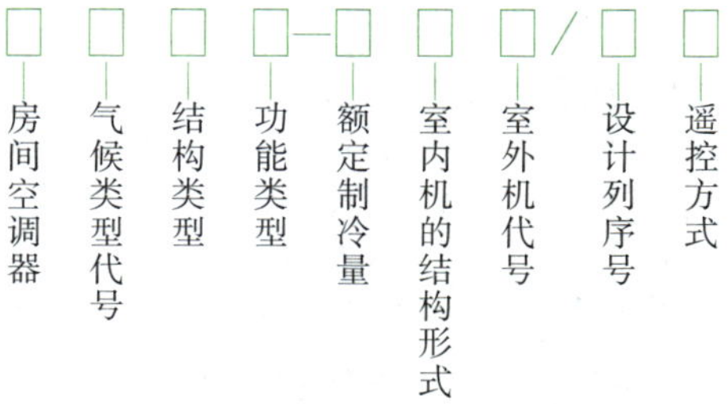

空调器型号示例：

例1：KT3C-35/A表示T3气候类型、整体（窗式）冷风型房间空调器，额定制冷量为3 500 W，第一次改型设计。

例2：KC-22C表示T1气候类型、整体穿墙式冷风型房间空调器，额定制冷量为2 200 W。

例3：KFR-26GW/Y表示T1气候类型、分体热泵型挂壁式遥控式房间空调器（包括室内机组和室外机组），额定制冷量为2 600 W。

KFR-28G表示T1气候类型、分体热泵型挂壁式房间空调器室内机组，额定制冷量为2 800 W。

KFR-26W表示T1气候类型、分体热泵型房间空调器室外机组，额定制冷量为2 600 W。

例4：KFR-35LW/BP表示T1气候类型、分体热泵型落地式变频房间空调器（包括室内机组和室外机组），额定制冷量为3 500 W。

KFR-35L/BP表示T1气候类型、分体热泵型落地式变频房间空调器室内机组，额定制冷量为3 500 W。

KFR-35W/BP表示T1气候类型、分体热泵型变频房间空调器室外机组，额定制冷量为3 500 W。

二、空调器使用安全注意事项

（1）电源插座必须配有地线，以保证空调器通过电源插座有效接地。不接地或接地不完全，有可能发生触电危险。

（2）空调器安装后应通电进行漏电检测。

（3）定期清洁空气滤尘网（每两周清洗一次）。若滤尘网被堵塞，制冷和制热效果不佳，耗电量增大，有可能引起故障，制冷运转时会滴水。

（4）使用规定容量的熔体。绝对不要用铜丝代替熔体。

（5）接地线不要接在气体管道、自来水管道、避雷针、电话地线上。

（6）空调器不要安装在可燃性气体易泄漏的地方，以免气体泄漏引起火灾。不要在易燃、易爆和腐蚀性气体环境中使用。

（7）不要把水直接泼在室内机上。

（8）要使室内、外机组的进风口和出风口保持畅通无阻。

（9）在风叶运转时，不要触碰出风口，不要把任何工具插入风栅中，以免发生危险。

（10）长时间不使用时，请断掉空调器电源。

（11）应使用遥控器来控制空调器的运转。

三、空调器的使用与维护

1. 空调器的使用

空调器应严格按照使用说明书上的要求和规定安装，电源电压偏差不允许大于额定电压的±10%。下面以分体挂壁式空调器为例，说明空调器的使用。

（1）节能操作

空调器使用节能操作要领如下：

① 制冷时，应将室内温度设定适宜，不要设定过低。房间温度一般以 21~28℃为宜，相对湿度以 55%~60%为宜。

② 定期清理空气滤尘网（可按每两周清洁一次）。当滤尘网被堵塞后，会影响冷、暖气的效果。

③ 制冷时，应将窗帘拉上，以免阳光直射，若要流通室内空气，门窗打开的时间不宜过久。

④ 调节空调器室内机空气的流动方向，以使室内空气更加流通。

（2）分体挂壁式空调器各部位的名称

分体挂壁式空调器各部位的名称如图 2. 18 所示。

其中，信号灯板处有四个指示灯，如图 2. 19 所示。

运行灯：空调器插上电源后，此灯闪烁每秒一次。开机时此灯连续发光不闪烁。

自动灯：空调器以自动模式运行时，此灯亮。

定时灯：空调器在定时过程中此灯亮。

除霜灯：对于冷暖机，制热时室外机如果结霜，空调器便自动化霜，此时除霜灯亮。

（3）遥控器按钮的作用

空调遥控器上有显示屏和两组按钮。图 2. 20 所示为显示屏和一组基本控制按钮，向下滑动面盖，可以看到另一组控制按钮，如图 2. 21 所示。

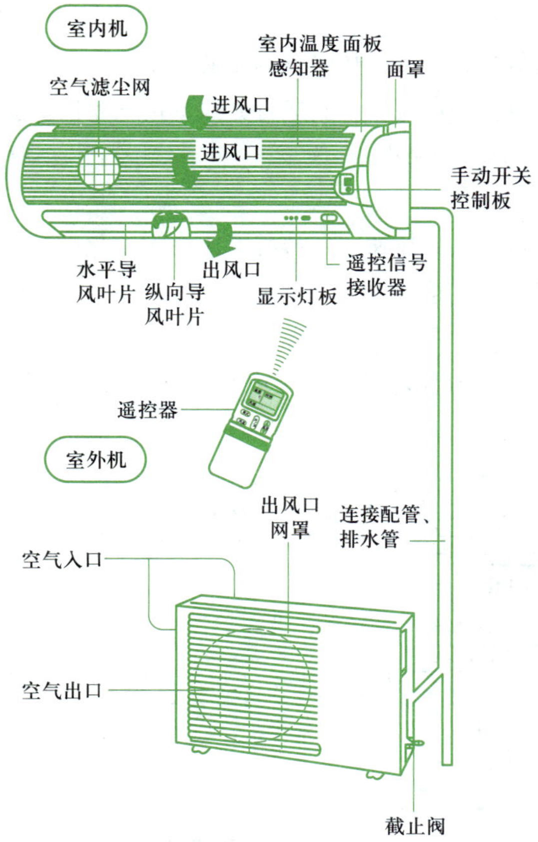

图 2.18　分体挂壁式空调器各部位的名称

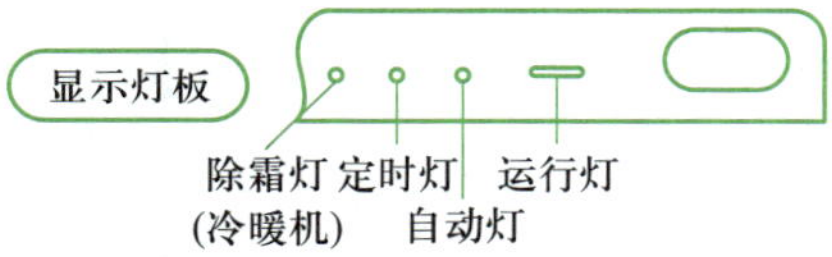

图 2.19　信号灯板

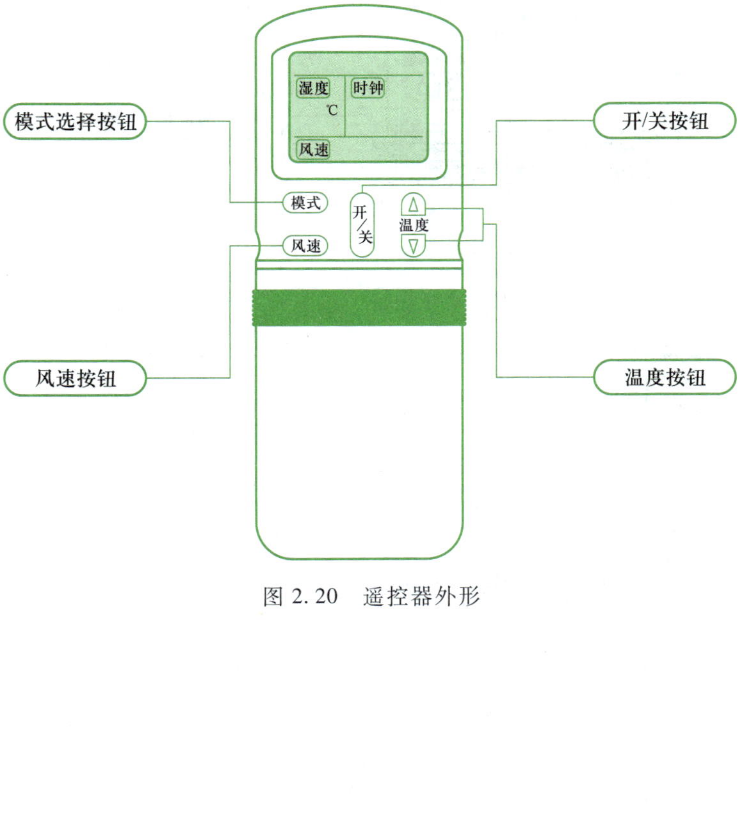

图 2.20　遥控器外形

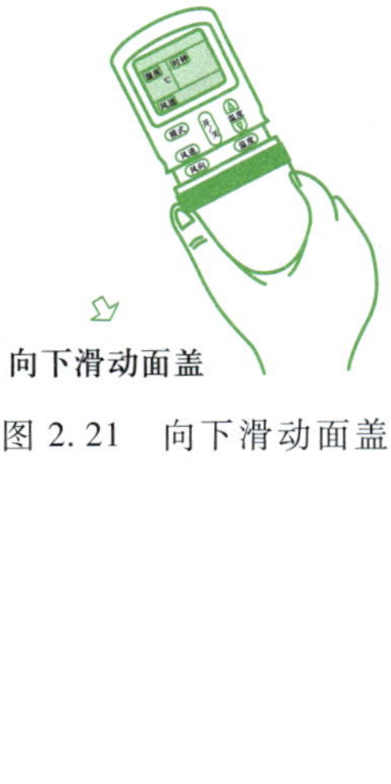

图 2.21　向下滑动面盖

图 2.20 中的按钮作用说明如下。

① 开关按钮：按压此按钮空调器便开始运转，再按此按钮空调器便停止运转。

② 模式选择按钮：用于选择运行方式，每按一次按钮，则运行方式就按下述依次变化。

自动→制冷→抽湿→制热→送风（送风→自动）

③ 风速按钮：用于选择风速，每按一次按钮，则风速显示就按下述依次变化。

自动→低风→中风→高风（高风→自动）

④ 温度按钮：按压此按钮设定室内温度。△ 为设定温度上升；▽ 为设定温度下降。遥控器另一组控制按钮如图 2.22 所示。

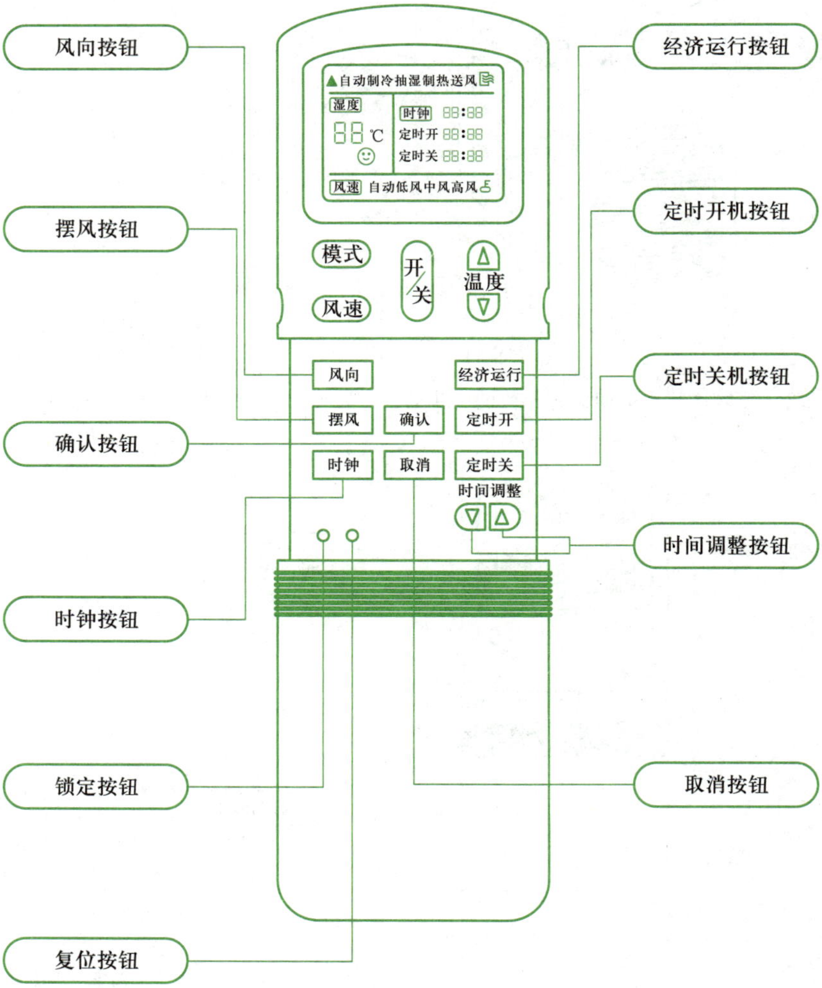

图 2.22　遥控器按钮

图 2.22 中的按钮作用说明如下。

① 开/关按钮：开/关机控制。

② 经济运行按钮：按此按钮可设定空调器的节能操作方式。

③ 上下风按钮：控制上、下风向导风板摇摆。

④ 左右风按钮：控制左、右风向导风板摇摆。

⑤ 定时开按钮：设定定时开机功能。

⑥ 数显按钮：在开机状态下，可以切换室内机显示屏的显示 / 熄灭状态。

⑦ 定时关按钮：设定定时关机功能。

⑧ 复位按钮：取消遥控器当前的设定。

⑨ 锁定按钮：按此按钮以锁定当前的设定，再按此按钮则消除锁定。

⑩ 调整按钮：调整设定温度升高降低。

⑪ 换气按钮：按此按钮开启换气功能。

⑫ 强劲运行按钮：控制强劲运行功能开启和关闭。

(4) 遥控器的使用

利用遥控器可对空调器实现遥控。遥控器在距离室内机 7 m 范围内使用，以便室内机能接收到遥控器发出的信号。正确使用遥控器如图 2.23 所示。

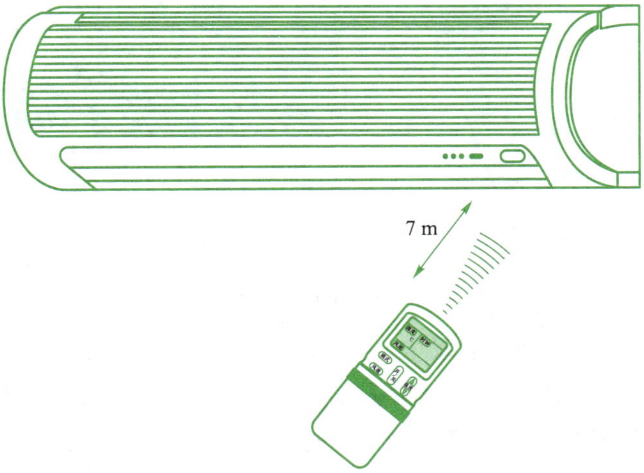

图 2.23　正确使用遥控器

遥控器使用时注意：

① 如有帘布、门或其他物体阻碍遥控器发向室内机的信号，空调器将不能操作。

② 谨防任何液体流入遥控器内。

③ 若室内机上的信号接收器受到阳光直射，空调器将不能正常运转，可利用窗帘遮挡阳光对信号接收器的直射。

遥控器使用两节 7 号电池，更换电池如图 2.24 所示，先向下滑动遥控器下盖，取出旧电池，换上新电池，在合上遥控器下盖之前，要确定遥控器显示屏上时钟显示为“0：00”而且“:”不断闪烁。

更换电池时注意：在通常情况下，电池的使用寿命为半年左右。当听不到室内机发出接收的响声时，或遥控器显示屏上的发射符号“△”没显示时，则需要更换电池。

（5）空调器自动运行操作方法

在“自动”模式下，空调器根据设定的温度和室温自动选择制冷、制热（单冷机为抽湿）、送风中的一种运行方式，以达到所设定的温度。设定方法如图 2.25 所示。

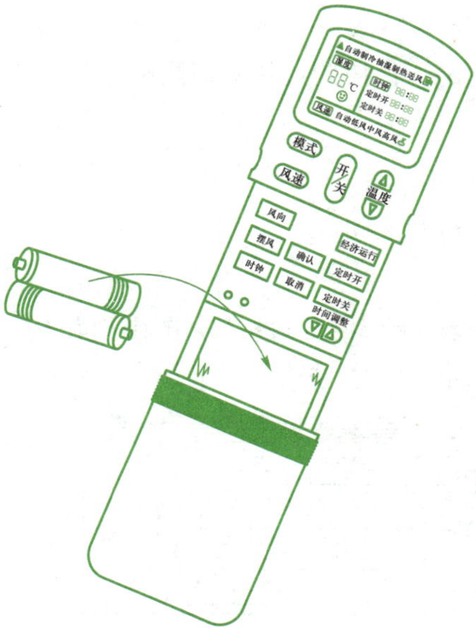

图 2.24　遥控器更换电池

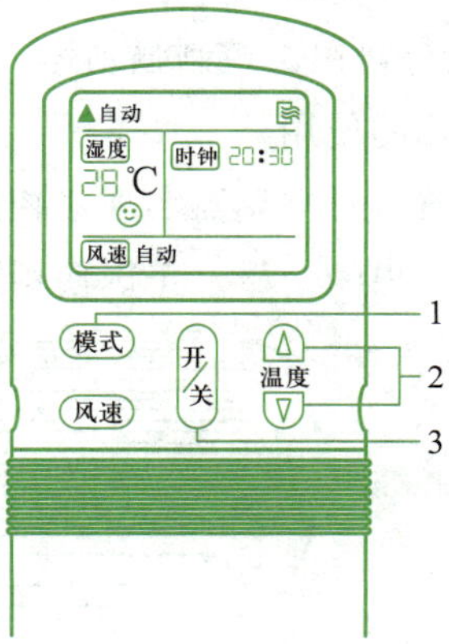

图 2.25　自动运行设定

设定前插好电源插头，空调器上运行灯闪烁。

① 按“模式”按钮，选择“自动”。

② 按温度按钮“△”或“▽”，选择所需要的温度，通常温度设定在 21～28℃。

③ 按压“开/关”按钮，室内机上的运行灯和自动灯亮，空调器开始按自动操作方式运转，风扇速度为自动控制，遥控器显示屏上的风速显示为“自动”。若再按压“开/关”按钮，则空调器停止运行。

（6）空调器手动操作方法

空调器手动操作方法是在一时找不到遥控器或遥控器电池耗尽的情况下，可用手动暂时操作空调器。

① 抬起室内机面板到可保持固定的角度，在其停止时，就不要再往上抬。

② 将室内机控制板上的手动开关拨到“自动”位置，空调器则按“自动”操作方式运行。

2. 空调器的维护

（1）空气过滤网和空气清新网的清洗

过滤网用来过滤空气中的尘埃，若过滤网积尘过多，会阻碍气流畅通及降低制冷量，清洗方法为：

① 抬起室内机面板在其停止时，就不要再往上抬，把空气过滤网中间凸部稍抬起后向下拉出。

② 从空气过滤网中部取出空气清新网，如图 2.26 所示。

③ 用吸尘器或水冲洗空气过滤网，将其在阴凉处晾干。

④ 将空气清新网用中性洗涤液清洗，然后晒干。

⑤ 将空气清新网装入空气过滤网中。

⑥ 将空气过滤网的上部插入机内直至完全固定后，合上室内机面板，将其关紧。

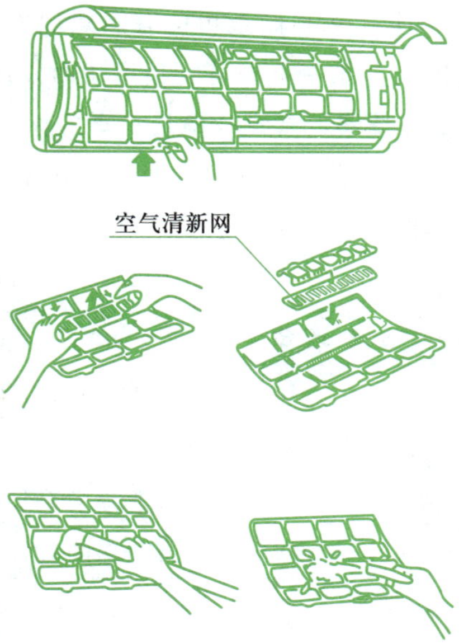

图 2.26 取下空气过滤网和空气清新网

（2）在操作空调器中可能会碰到的非故障情况

① 压缩机保护。当断电重新上电或空调压缩机操作结束后又立即重新启动时，保护功能使压缩机大约 3 min 后才开始运行，此时不是故障现象，而是保护空调压缩机的功能。

② 空调器可能产生的误动作。闪电或附近的其他无线电波可能引起空调器误操作，此时拔下电源插头再插上，然后按压遥控器的“开/关”按钮，重新启动空调器即可。

③ 预热操作。空调器开始制热时，室内机热交换器预热，此时除霜灯亮，约 5 min 后才能送出热风。

④ 热风控制。室内机温度达到设定温度后，室外机停机，室内风速自动降低。

⑤ 除霜。制热时室外机如果结霜，则空调器自动除霜，除霜时间为 5~10 min，此时除霜灯亮，室外机和室内机风扇停止工作。

⑥ 听见有水流声。在空调器启动时、空调器运转中压缩机启动或停止时或在空调器停止时，有时会发出“哗哗”声或“咕嘟咕嘟”的声音，这是制冷剂的运动声而不是故障。

⑦ 发出“噼啪”响声。这是由于塑料的热膨胀或冷收缩所引起的。

⑧ 有异味。从室内机组送出的风中有时有异味，此异味是室内家具、油漆、香烟等的气味被室内机吸入所致。

⑨ 在运转中，室内机组冒出水雾。当制冷或除湿运行中，可以看到机器喷出一股股薄薄的水雾，这是由于骤然冷却的室内空气从机内吹出而产生的冷凝水雾。

⑩ 在制冷运行时自动到送风方式。为防止在室内机组的热交换器积霜，有时会自动地转换到送风方式，但不久仍会返回到制冷方式。

⑪ 空调关机后不能立即启动。这是系统的自我保护功能，因此在停机后约 3 min 内不能重新投入运行。

⑫ 在制热运转时，即使运转停止，室内风机仍然运转。为了去掉余热，自动停机后室内风机会继续运转一段时间。

⑬ 遥控器显示不清或全显示。电池没电了，应更换新电池。

⑭ 出风口附近可能有熏黑现象，并伴有“嘶嘶”声。这是由于集尘产生负离子所致，只需停机擦拭一下即可。负离子激发属正常现象。

四、空调器的常见故障及处理方法

空调器工作时常见故障现象有空调器不工作、制冷或制热效果不佳等，具体故障现象、可能原因及处理方法见表 2.17。

表 2.17　空调器的故障现象、可能原因及处理方法

故障现象	可能原因	处理方法
空调器不工作	电源熔断器熔断	更换熔断器
	设定定时开机的时间未到	等待或重新设定
	遥控器内的电池已耗尽	更换电池
制冷或制热效果不佳	室外机的空气入口或出口被堵塞	清理入口或出口
	房间的门或窗是打开的	关闭门窗
	空气滤尘网被灰尘堵塞	清理空气滤尘网
	导风叶片设定的位置不正确	正确设定导风叶片位置
	风扇速度设定过低或温度设定不合理	重新设定风扇速度或温度
运行灯或其他显示灯急速闪烁（每秒 5 次）	机内有故障	需要维修
熔断器频繁熔断或断路器频繁失误	有短路	需要维修
外界物质或水进入空调器内	安装不妥	需要维修
遥控器接收失灵或开关操作异常	遥控器或接收器有故障	需要维修
遥控器风扇速度不能选择	可能选择了“自动”或“抽湿”模式，此时不能设定风扇速度，风扇是按“自动”方式运行	查看显示屏上的模式是否为“自动”或“抽湿”

续表

故障现象	可能原因	处理方法
遥控器无“温度”显示	可能选择了“送风”模式，此时不能设定温度	查看显示屏上的模式是否为“送风”
遥控器一段时间过后，显示屏上的“定时开”或“定时关”消失	定时器的设置时间已到，空调器便自动开机或关机，相应的显示则消失	查看定时器的设置时间是否已到
按压“开/关”按钮时，室内机无接收声音传出	遥控器的信号传送部分可能没有对准室内机的接收部分	将空调器的信号传送部分对准室内机的接收部分，然后反复按压“开/关”按钮

知识测评

一、填空题

1. 在洗衣机洗涤衣物的整个过程中______、______、______是其中三个主要过程。

2. 选择放置地点时，洗衣机应放置在______、______、______、______的地方；放置在______的地面上；不要放置在______的地方，也应避免放置在____附近。

3. 室内空间中，气流的最佳流速（风速）应该在______以下。

4. 清洁“开关”和“照明灯”等器件的时候，应使用______。

5. 要经常清除电冰箱______及______上的尘埃，以提高散热效果。

6. 按照用途空调可分为______和______两大类。

7. 空气的温度有______温度和______温度两大类，人体体感温度一般用______温度测量；夏季舒适的室内温度应该在______；冬季舒适的室内温度应该在______。

8. 夏季人体感觉到最舒适的湿度应该在______到______之间，冬季人体感觉到最舒适的湿度应该在______到______之间。

9. 有的电冰箱在开始运转或停止运转几分钟后，听到的“噼啪”声大多发生在______或______上，是正常现象。

10. 制冷量在______ kW 以内必须进行 3C 认证。

二、选择题

1. 滚筒洗衣机和波轮洗衣机相比较大的优点是（　　）。

A. 磨损低　　B. 省时间　　C. 不用水　　D. 不用电

2. 波轮后背铭牌上标注的“洗涤功率 350 W”是指（　　）是 350 W。

A. 洗衣机的洗涤额定输入功率　　B. 洗衣机的额定输出功率

C. 洗涤电动机的额定输入功率　　D. 洗涤电动机的额定输出功率

3. 滚筒洗衣机电脑板显示 Err5 的原因是（　　）有问题。

A. 门锁　　B. 排水泵　　C. 水位　　D. 加热

4. 263 W 电冰箱使用（　　）的制冷剂。

A. R134A　　B. R600A　　C. R600A　　D. 无要求

5. BCD-263 风冷电冰箱出口澳大利亚与欧洲及其他地区所使用的系统管件在哪些部位不同（　　）。

A. 左右冷凝器　　B. 翅片蒸发器　　C. 冷藏蒸发器　　D. 回气换热器

6. 按照年耗电要求表达是（　　）。

A. 欧洲标准　　B. 澳大利亚标准　　C. 国际标准　　D. 国家标准

7. 对 R134A 抽真空要求是不大于（　　）Pa。

A. 10　　B. 15　　C. 20　　D. 25.5

8. 超级多联系列外机使用的是（　　）。

A. 涡旋式压缩机　　B. 离心式压缩机　　C. 转子式压缩机　　D. 摆动式压缩机

9. 家用 VRV-N 系列室外机使用的是（　　）。

A. 涡旋式压缩机　　B. 离心式压缩机　　C. 转子式压缩机　　D. 摆动式压缩机

三、简答题

1. 微波炉在使用时一定要关上门吗？为什么？
2. 用微波炉加热食物时，应使用什么容器盛放？不能用什么容器盛放？为什么？
3. 有人在暂不使用微波炉时，在炉内放一杯水，为什么？
4. 洗衣机常见的清洁与保养措施有哪些？
5. 电冰箱背部产生凝露原因、后果及解决办法是什么？
6. 单门电冰箱与双门电冰箱在冷冻室和冷藏室上的区别是什么？
7. 冷冻箱内温度一般保持在什么温度？其产品多为卧式还是台式？
8. 举例说明电冰箱型号含义。
9. 没有自动或人工化霜系统的电冰箱，应如何除霜？
10. 电冰箱制冷剂泄漏会产生什么现象？
11. 电源电压过低，电冰箱易产生什么故障现象？
12. 举例说明空调器型号含义。
13. 什么是空调器的“经济运行”工作方式？
14. 空调器遥控器发生故障时，能否进行手动操作？
15. 空调器在什么状态下进入“自动除霜”工作方式？
16. 半自动洗衣机和全自动洗衣机的工作方式有何不同？
17. 目前市场上较流行的是哪种洗涤方式的洗衣机？
18. 洗衣机是否一定要有电动机驱动机械装置才能进行洗涤？
19. 举例说明洗衣机型号的含义。
20. 洗衣机是否要安装保护接地线？
21. 通过查阅资料或者上网搜索，了解智能家电的最新技术、特点以及应用前景。

· 3 音视频电器的使用与维护 ·

场景描述：

小刚作为一名90后学生，自小就对数码产品感兴趣，进入学校后，面对各种电子产品的更新换代，他更成了一个名副其实的“数码控”，凭着对电子科技的热爱，他主动承担起了学校晚会中音频设备的连接调试、拍照及摄像等工作，出色完成并赢得全校师生的一致好评。在积累工作经验的同时，他又利用课余时间打工挣钱购买了一部数码相机，帮同学拍摄毕业照及个人写真等，之后他又承接了一些商业拍摄，凭着自己精湛的技术，他的摄影作品入选了学生优秀摄影作品展，毕业后被一家大型广告公司录用。

音视频产品长期以来一直是电子电器的主要产品，音频技术主要是指对声音的处理和再现；视频技术主要是指对图像的处理和再现。音视频产品是由收音机（音频）技术为先导而发展起来的，随着电视机（视频为主）技术的发展，音视频产品逐步走向成熟，并且现在仍然以很快的速度不断提高技术，更新产品。

3.1 音视频产品发展情况

应知应会：

了解音视频产品的分类方法。

音视频产品经过半个世纪的发展，从模拟技术到数字技术，从普通密度到高密度，从一般水平到高质量，主要经历了收音机时代、录音时代、磁带时代和光盘时代。视频技术的发展，主要经历了电影时代、电视时代、录像时代、VCD时代和DVD时代。总之都是从模拟技术向数字技术发展。

1883年，德国电气工程师尼普柯夫用他发明的“尼普柯夫圆盘”使用机械扫描方法，做了首次发射图像的实验。每幅画面有24行线，且图像相当模糊。

1877年，爱迪生成功制作出第一台用锡箔为记录材料贴在滚筒上的留声机。

1885年，电话发明人贝尔与丁特将爱迪生以锡箔为记录材料的留声机改为用上蜡的纸筒，并将其命名为格拉弗风留声机。

1901 年，马可尼首次发射无线电波横越大西洋。

1906 年，加拿大发明家费森登首度发射声音，无线电广播就此开始。

1906 年，美国人德 · 福雷斯特发明电子真空管，是真空管收音机的始祖。

1922 年，美国发明家 E · H · 阿姆斯特朗发明了收音机，同年美国建立了世界上第一座无线广播电台——匹兹堡 KDKA 电台。

1925 年，贝尔德在英国首次成功装配世界第一台电视机。

1933 年，兹沃里金研制成功可供电视摄像用的摄像管和显像管，完成了使电视摄像与显像完全电子化的过程，至此，现代电视系统基本成型。

1935 年，德国 BASF 公司推出塑料薄膜磁带；德国通用电器公司推出磁带录音机。

1941 年，首次研究成功彩色电视机。

1943 年，中国第一台电唱机在上海大中华无线电厂研制成功。

1949 年，美国的哥伦比亚广播公司生产出密纹唱片。

1957 年，立体声录音技术正式产生。

1957 年，美国 AMPEX 公司研制成世界上第一台磁带录像机。

1958 年，中国第一台黑白电视机在天津研制成功。

1960 年，盒式录音机问世。

1972 年，美国研制成功自动校正会聚误差彩显管。至此，彩色电视的发展进入成熟期。

1983 年，索尼公司和飞利浦公司共同正式推出数码化的唱片载体——CD。

1996 年，DVD 国际联盟组织在布鲁塞尔召开会议，决定 DVD 各种产品将全面推向市场。

1998 年，世韩公司率先推出世界上第一台 MP3 随身听。

2002 年，第一台 MP4 播放机在爱可视公司诞生。

2012 年，索尼公司推出 4K 电视。

按照能量转换方式，一般将音视频产品分为两类：电声设备、视频设备。

1. 电声设备

电声设备是指电能转换的结果主要表现为声能的音频设备，常见的有收音机、录音机、扩音机、CD 机、卡拉 OK 机、MP3 播放器等，如图 3.1 所示。

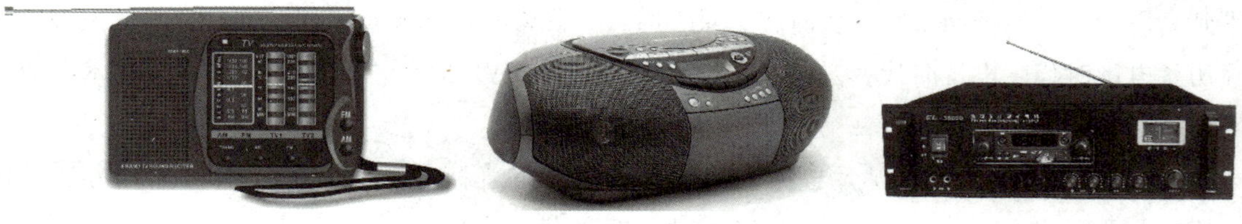

(a) 收音机 (b) 录音机 (b) 扩音机

(d) CD机

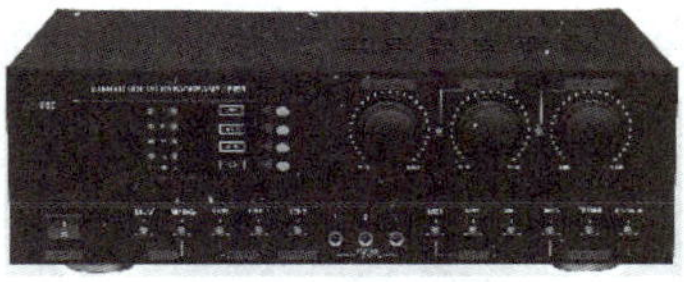

(e) 卡拉OK机

(f) MP3播放器

图 3.1 电声设备

2. 视频设备

视频设备是指电能转换的结果主要是为了重现图像的视频设备，常见的有电视机、数码相机、摄像机、VCD 机、DVD 机、投影机（正投影和背投影）等，如图 3.2 所示。

(a) 电视机

(b) 数码相机

(c) 摄像机

(d) DVD 机

(e) 投影机

图 3.2 视频设备

3.2 收音机的使用与维护

应知应会：

1. 了解收音机的种类及发展情况。
2. 理解收音机的主要性能。
3. 能够正确使用与维护收音机。
4. 能够对收音机的常见故障进行原因分析与处理。

一、收音机的种类

收音机的种类繁多，如果按其所用元器件划分，有电子管式、晶体管式和集成电路式三种。如果按其内部电路结构划分，有直接放大式、超外差式等。但目前市场上出售的成品机绝大多数为超外差式，其特点是灵敏度高、选择性好、工作可靠。如果按其机型划分，有袖珍式、便携式、台式、落地式以及微型机等，如图 3.3 所示。收音机的种类划分及它们各自的优点、缺点详见表 3.1。

(a) 袖珍式　　(b) 便携式　　(c) 台式

图 3.3 收音机

表 3.1 收音机的种类

区分特征	种类	主要优点	主要缺点	备注
元器件	电子管式	放音洪亮、柔和	效率低、能耗大	仍在部分使用
	晶体管式	节能、便携	低档机的音质欠佳	适于普及
	集成电路式	简化生产工艺	国内器件成本较高	是发展方向
电路结构	直接放大式	电路简单	性能差	作为产品已淘汰
	超外差式	各项性能好	电路较复杂	还将不断发展

续表

区分特征	种类		主要优点	主要缺点	备注
供电方式	直流		便于流动性使用	电池费用开支较大	发展单片集成机省电品种
	交流		电费开支少	必须有交流电源	台式、落地式品种为主
	交、直流两用		使用场合灵活便利	使用时注意电源切换	便携式品种
功能	单收音	中波	价廉，普及性好	只能接收中波波段	低档普及品种
		中、短波	接收波段范围宽	电路结构稍复杂	中、高档机种
		调频/调幅	调频段可获好音质		
		全波段	波段覆盖广，调谐细	价格较高	有发展前途
	复合	收录机	收录兼有，灵活方便	结构繁杂	当前已经普及
		收音/电唱机	收放并用	唱片性能较低	现已发展高档品种——激光唱盘
		多用机	收、录、放兼有	各部分不能兼顾	发展高档组合式音响
		钟控机	兼有定时收音或闹钟	维修复杂	发展高档石英电子钟控机
声道	常规（单声道）		电路结构相对较简单	音响艺术效果不足	以普及机为主
	双声道立体声		音响立体效果强	电路结构较复杂	是目前主要发展方向
机型	袖珍式		小巧、灵便	不能较多顾及音质	从单波段向多波段发展
	便携式		携带方便		以普及品种为主兼有高档机
	台式		能较多考虑提高性能指标，改善音质	一般仅用于固定场合	向高保真音响组合形式发展
	落地式				
	微型机		超小型化	指标不可能很高	薄型机、手表式机等

收音机从电子管式发展到晶体管式可以说是一次大的革命。在今天晶体管式收音机已经普及的情况下，人们对它又提出了更高的要求。未来的发展趋势有两个特点：

（1）小型化、全波段。自动调谐使用起来更方便。

（2）多功能、智能化。进入多媒体计算机时代后，声、像结合的产品会受到消费者青睐。表3.2列出了收音机技术的发展概貌。

表3.2 收音机技术的发展概貌

发展类型	关键元件	技术特点	功能扩展及前途
调谐技术	变容二极管	使调谐机构小型化，有利于实现调谐遥控，选台操作灵活方便	自动搜索调谐系统，红外遥控或超声遥控调谐和预选器等

续表

发展类型	关键元件	技术特点	功能扩展及前途
数字显示技术	专用集成电路	使调谐频率正确，选台方便直观	跟自动调谐组合，更能发挥其优点
薄型化技术	超薄型元件	采用无引线晶体管、电阻、电容等薄型元件，对扬声器、电感元件、可变电容等元件的变革起着促进作用	目前已有厚度 9 ~ 10 mm 的接收机，并还在继续薄型化
频率合成技术	专用的频率合成器及其集成化	使接收频率高度稳定，有利于采用步进式调谐，并进而采用程序控制，做到快速找台、精确调谐和稳定守台	对目前的收音机而言，将是电路结构形式的重大创新，接收性能提高到一个新的量级
微处理技术	微处理器	可记忆预选电台，结合钟控功能，能定时安排收听程序	进而还可跟日用电器设备（计算机等）结合起来联合操作运行

二、收音机的使用与维护

目前市场上出售的收音机，绝大多数是指针式手动调谐、超外差电路的收音机，也有部分自动调谐、数字显示的收音机。收音机可以采用试听法检查，其项目和要领见表 3.3。

表 3.3 收音机检查项目和要领

检查项目	检查要领
调谐选台及其灵敏度与选择性	中波段调频台白天能清晰、洪亮地收听当地电台的节目，短波段白天能收到几个强台，晚间台数剧增
差拍啸叫	调谐时，电台调准前后有明显啸叫声（中波段 930 Hz 和 1 395 kHz 有啸叫例外）
高频机振	短波段或调频段调准电台并开大音量时，不应有啸叫声出现
音量调节	能从无声调至最大，调节时无“咯咯”杂声和音量突变
最大输出功率	音量开至最大时能明显感觉到机壳有较大振动，但失真尽可能小
音质品评	中等音量时无明显失真，低音不浑浊，高音清晰，音色自然柔和
音调控制	高低音调节明显，尤其是提升低音后无明显“隆隆”音
电源开关	开关通断灵活清脆
静态噪声	调到无电台处开中等音量，电路静态的“沙沙”噪音不大（不可在调频段听）
其他方面	耳机插口插入耳机扬声器则无声，拔出后恢复有声，立体声收音机接收立体声广播后指示灯亮

平时收音机应放置在干燥通风处，要远离热源（火炉、暖气等），避免阳光直射和雨淋，注意防振、防潮、防尘。

收音机接收中波段广播时，依靠机内天线，故有较明显的方向性，使用时可通过调整方向取得最佳收听效果。收听短波段或调频广播时，要拉出拉杆天线或外接天线，并旋转天线方向寻找最佳位置。在偏远地区架设天线收听者，在雷雨天气要注意采取防雷击措施。

收音机在使用一段时间后，有可能发生一些小故障，可以通过直观检查找出问题所在，进行修理。表 3.4 列出了晶体管式收音机的一般故障现象及处理方法。

表 3.4　晶体管式收音机故障检查和处理方法

<table>
<tr><th>故障部位</th><th>发生故障的可能性</th><th>故障现象</th><th>处理方法</th></tr>
<tr><td rowspan="5">电源</td><td>电池电能耗尽</td><td rowspan="5">无声</td><td>更换电池</td></tr>
<tr><td>电源开关不通</td><td>换开关(一般跟音量控制电位器为一体)</td></tr>
<tr><td>电池压簧锈蚀</td><td>除去锈斑，刮亮</td></tr>
<tr><td>外接电源插孔上触点簧片变形，使机内电源电路开路</td><td>将簧片整形，使机内电源电路接通或更换电源插座</td></tr>
<tr><td>外接电源线断</td><td>更换电源线</td></tr>
<tr><td>扬声器</td><td>耳机插孔上触点簧片变形，使机内扬声器电路开路</td><td>无声</td><td>将簧片整形，使机内扬声器电路接通或更换耳机插座</td></tr>
<tr><td rowspan="2">调节元件</td><td>音量电位器严重磨损，调节音量时有杂音</td><td rowspan="2">调节时有“咔嚓”声等杂音</td><td>用酒精清洗或更换音量电位器</td></tr>
<tr><td>调谐可变电容介质薄膜磨损，调谐选台时有杂音</td><td>换可变电容器</td></tr>
</table>

3.3　录音笔的使用与维护

应知应会：

1. 了解录音笔的外形及功能特点。
2. 能够对录音笔正确使用与维护。

一、录音笔外形、结构及功能特点

录音笔外形和结构如图 3.4 所示。

录音笔一般包括以下功能：

（1）录音类型包括　立体声录音（HP）、标准录音（SP）和长时录音（IP）。

（2）一键录音功能。

（3）定时录音功能。可以预先设置录音起始时间、录音长度，到了指定时间会自动开机录音。

（4）实时时间功能。记录录音时的当前时间。

（5）声控录音功能。

（6）电话通话内容录音功能。

（7）支持歌词同步显示功能。

（8）内置麦克风，高保真录音。

（9）支持多种音频格式，如 MP3、WMA 、WAV 等音乐格式。

（10）方便的语言学习功能包括复读、原音对比跟读、变速播放等。

（11）具有音色均衡器。

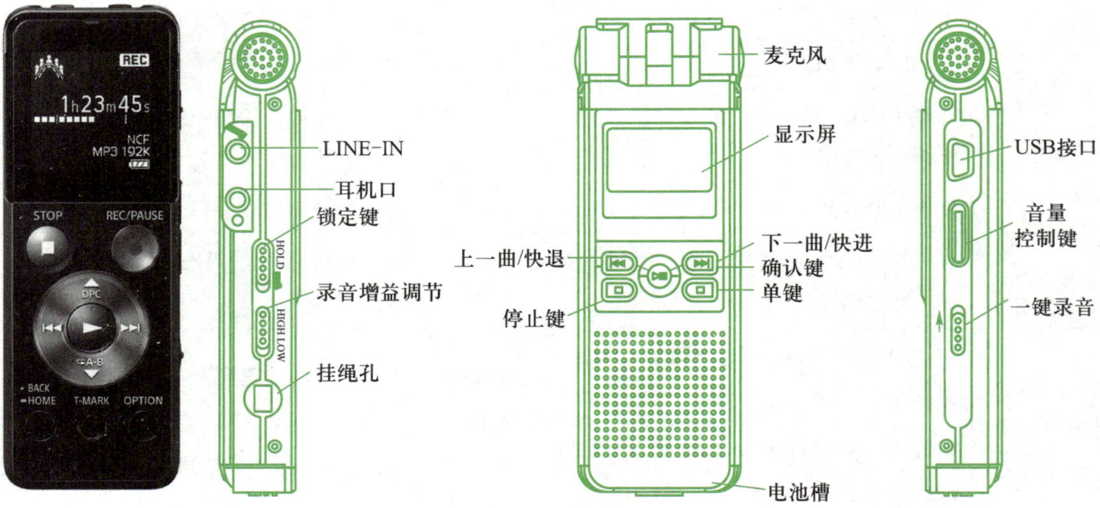

(a) 外形　　　　(b) 结构

图 3.4　录音笔外形和结构

二、录音笔的使用

（1）快捷录音

当“一键录音”键按照箭头指示方向向上拨到顶端位置后，若原先不在停止状态下，则首先停止当前的工作，随后立即自动开始录音；若原先已在停止状态下，则立即自动开始录音。

（2）基本操作

① 电源。录音笔使用两节 7 号电池供电，当电量指示为“▭”时，应及时更换电池。如果机器长时间不使用应取出电池。

② 开机/关机。录音笔开机/关机状态由“▶‖”键控制，具体操作如下：

- 关机：关机状态下，长按“▶‖”键直到显示“ByeBye”，即关机。
- 开机：开机状态下，长按“▶‖”键则开机，进入功能选择菜单。

在暂停或停止状态下，如果本机设置了定时关机，在定时关机时间内没有任何操作，系统将自动关机。

③ 功能选择。录音笔主菜单一般包括音乐文件夹、语音文件夹、系统设置。可以按“▶▶|”键或“|◀◀”键进行选择，按“菜单”键即可进入选中模式。

④ 按键锁定。按照指示方向拨动锁定键锁定按键，反方向拨动解除按键锁定。

⑤ 录音增益调节。同一声源、同种录音设置，按键在 high 的位置时，录出来的声音背景声音小、音质好；按键在 low 的位置时，背景声音大、音质稍差。

（3）语音文件夹

① 播放录音。在主菜单下，通过“▶▶|”键或“|◀◀”键选择语音文件夹，然后短按“菜单”键，确认进入录音文件播放界面，通过“▶▶|”键或“|◀◀”键选择录音文件，按“▶||”键开始播放。若此文件夹里没有文件，显示“磁盘无文件”。

② 使用内置麦克风录音或外接话筒录音的步骤如下。

• 开始录音：将录音快捷键按提示方向拨到上端。

• 暂停录音：在录音状态下，短按“确认”键暂停录音；在暂停状态，再短按“确认”键恢复录音。

• 保存录音：将录音快捷键按提示反方向拨到下端，保存录音并退出录音界面，之后进入录音文件播放界面。如果屏幕显示“空间满”，说明磁盘无足够空间，可以删除部分文件以释放空间。一般录音笔支持每个目录下 200 个录音文件的存储，如果显示屏上显示“目录已满”，代表目录已经有 200 个录音文件。

• 播放录音：保存后回到等待播放状态，按“▶||”键，可以播放当前录音文件。

③ 声控录音的方法如下。

进入系统设置模式，按“▶▶|”键或“|◀◀”键选择“声控设置”，默认是“禁用声控”录音。再按“▶▶|”键或“|◀◀”键选择“启用声控”或者“禁用声控”，然后按“菜单”键确认。在选择“启用声控”录音状态下，如果本机检测到没有声音会自动暂停录音，在检测到有声音时会接着当前文件继续录音。声控录音只针对“标准录音”和“长时录音”有效。

④ 录音的类型及选择方法如下。

• 录音类型有：立体声录音，MP3 格式，高音质；标准录音，WAV 格式，音质好；长时录音，REC 格式，音质一般；电话录音，MP3 格式，高音质。声控录音只对“标准录音”和“长时录音”有效；“立体声录音”下无声控录音。line in 录音和电话录音只能在选择电话录音类型时才能实现。

• 录音类型选择：进入系统设置模式，按“▶▶|”键或“|◀◀”键选择“录音类型”，默认是“立体声录音”，按“▶▶|”键或“|◀◀”键选择录音类型，然后按“菜单”键确认。

⑤ 电话录音。将外接电话线及附送的电话连线分别接入电话录音转接器，将单声道音频线及电话转录线的两环插头接入电话录音转接器，三环插头接入本机“line in”插孔，如图 3.5 所示，操作方式和使用麦克风录音相同。

⑥ line in 录音。line in 录音是通过双声道音频线（如图 3.6 所示）将本机与外部音源设

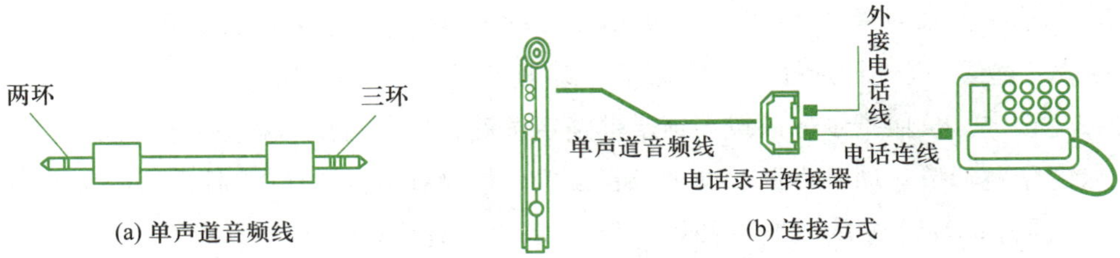

图 3.5 电话录音

备的音频输出接口正确连接，即可将外部音源的声音转录至本机（音源设备如收音机、CD 影碟机、VCD 影碟、DVD 影碟机等）。正确操作方法为：使用附送的双声道音频线，一端连接外部音源输出口，另一端接本机的“line in”插孔。录音操作方式和使用麦克风录音相同。

⑦ 将录音转录至外置器材。将双声道音频线接至本机 phones（耳机）插孔及外置器材的输入插座处，然后，同时按下录音机的播放键及外置器材的录音键（为避免录音失败，应先做外置器材的录音测试）。注意：录音过程中，如因撞击或其他人为原因使机器突然掉电，所录文件将会丢失。

图 3.6 双声道音频线

（4）音乐文件夹

① 播放。停止状态或暂停状态下，按“▶‖”键，开始播放当前曲目。

② 上一曲/下一曲、快进/快退。短按“⏮”键，选择上一曲，短按“⏭”键，选择下一首；在播放状态下，长按“⏮”键快退；长按“⏭”键快进。

③ 音量调节。按“+”键可增加音量；按“-”键可减小音量。

④ 循环模式选择。在播放状态下，短按“菜单”键进入播放菜单，然后短按“⏮”键或“⏭”键，选择“循环模式”选项，再按“菜单”键进入，短按“⏮”键或“⏭”键进行循环模式选择，即普通模式、单曲循环、目录播放、目录循环、全部循环、随机播放、浏览播放七种模式循环选择，按“菜单”键进行确认选择。

⑤ 输出音效模式选择。在播放状态下，短按“菜单”键进入播放菜单，然后短按“⏮”键或“⏭”键选择“音效模式”选项，再短按“菜单”键进入，短按“⏮”键或“⏭”键进行选择，即自然、摇滚、流行、古典、柔和、爵士、重低音七种音效循环选择，按“菜单”键进行确认选择。

⑥ 播放速度。在播放状态下，短按“菜单”键进入播放菜单，然后短按“⏮”键或“⏭”键选择“播放加速”选项，再短按“菜单”键进入，短按“⏮”键或“⏭”键进行调整，速度可在-8~8之间进行调整，调整好后按“菜单”键进行确认。

⑦ 删除曲目方法如下。

• 进入方式：在暂停或停止状态下，按“菜单”键进入删除菜单，该菜单中有“删除文件”、“删除全部”选项。

• 删除操作：进入以后，按“⏭”键或“⏮”键选择“删除文件”、“删除全部”。当选择“删除文件”选项时，按“菜单”键进入删除当前曲目界面。在屏幕中出现 YES 和 NO 选择菜单，此时通过按“⏭”键或“⏮”键来选择，当选择 YES 时，按“菜单”键将删除当前曲目。如果再选择 NO 时，按“菜单”键或者按“⏯”键，或 8 s 无操作，将放弃删除当前曲目，并返回暂停或停止状态。当选择“删除全部”选项时，将删除全部内容。

⑧ 歌词同步显示。有些产品支持“*.Lrc”歌词文件（用户可以到相关网站去下载或自己通过软件编辑来获得歌词文件），实现歌词与歌曲同步播放。

歌词文件的名称与歌曲文件的名称需保持一致。如果当前歌曲有歌词文件匹配，则屏幕左上方的音乐模式图标下将出现歌词标志“♪”。若没有歌词文件匹配，则出现图标“♪”。

若有歌词匹配，长按“菜单”键进入歌词界面，接着会出现歌词显示界面。若需退出时，短按“菜单”键返回歌曲模式。

3.4 数字音频广播

DAB（Digital Audio Broadcasting，数字音频广播）是继 AM、FM 传统模拟广播之后的第三代广播，它的出现是广播技术的一场革命。数字音频广播具有低噪声、抗干扰、抗电波传播衰减、适合高速移动接收等优点。它提供 CD 级的立体声音质量，信号几乎零失真，而且在一定范围内不受多重路径干扰影响，以保证固定、携带及移动接收的高质量。

DAB 的信噪比一般在 95 dB 以上，编码率则达到 192 kbps 以上，这已经超过了大多数 MP3 的音质水准。同时由于具备数字信号传输抗干扰和抗电波衰减的特性，DAB 十分适用于移动环境中使用，如车载收音机。

另外，DAB 还可以接收多媒体信息，包括文字、数据、图片、影像，甚至可以进行实时信息更新。因此，DAB 的应用不仅局限于音频的传输服务，还可以进行数据信息影音服务。

在使用方法上，DAB 收音机与传统收音机也截然不同，DAB 收音机只需要用户记住相当有限的几个频段即可——每个频段属于一个特定的综合性电台，而每个电台又可以在这个频段内设置 5~6 个频道。对于一个古典音乐爱好者来说，收听 DAB 广播的典型步骤是：调到电台所在的播出频率，然后进入其下的音乐子频道，最后再进入古典音乐频道，就像打开菜单一样。

事实上，DAB 已经成为相当多国家的数字音频广播标准。当前，影响最广的一种 DAB 标准是 Eureka-147（俗称“欧规”）技术规格。Eureka 最早是欧洲国家共同组成的一个技术研究合作团体的名称，该技术团体多年来一直从事多种技术项目的开发工作。在 Eureka 组织的庞大技术开发项目中，DAB 项目被列为第 147 项。因此，DAB 项目又被人们习惯称为 Eureka 147 计划，经过各方面的共同努力，Eureka 147 计划发展至今，已经形成和颁布了一系列完整的技术标准，它正在不断地更新并在世界范围内被广泛采纳和推广应用。除此之外，美国制定的 IBOC（In-Band On-Channel）及法国制定的 DRM（Digital Radio Mondiale）也是世界上重要的两个 DAB 技术标准。而作为 2011 年刚刚成立的 DRM 标准的签署地，中国成为了该联盟的 30 个成员之一。

不是所有的数字收音机都是 DAB 收音机，DAB 收音机必须符合相关技术标准。

DAB 收音机如图 3.7 所示。

(a)　　(b)

图 3.7　DAB 收音机

3.5　电视机的使用与维护

应知应会：

1. 了解电视机的发展及结构。
2. 了解电视机的种类及分类方法。
3. 能够对电视机及遥控器正确地使用与维护。
4. 能对电视机简单故障进行处理。

电视接收机简称电视机，是一种信息终端设备。它的主要作用是接收广播电视信号，经机内放大、解调、电光转换等信号处理，最终在屏幕上还原出图像，在扬声器中得到伴音。

一、电视机的种类

电视机种类繁多，按不同分类方式进行分类的情况见表 3.5。

表 3.5　电视机分类

序　号	分类方式	类　别
1	按屏幕尺寸分类	14 in 电视机 21 in 电视机 25 in 电视机 29 in 电视机 34 in 电视机

续表

序　号	分类方式	类　别
2	按控制方式分类	遥控电视机 非遥控电视机
3	按内部电子器件分类	电子管电视机 晶体管电视机 集成电路电视机
4	按频道数分类	单频段（1~12 频道）电视机 全频段（1~68 频道）电视机
5	按制式分类	NTSC 正交平衡调幅制电视机 PAL 正交平衡调幅运行倒相制电视机 SECAM 行轮换调频制电视机
6	按显像管结构和内部电路不同分类	三枪三束显像管电视机 单枪三束显像管电视机 自会聚显像管电视机 平面直角显像管电视机 超滤光屏幕显像管电视机 液晶显示电视机 “3D” 电路电视机
7	大屏幕投影方式	CRT 投影电视机 LCD 投影电视机 TLA 型光寻址液晶光阀投影电视机 油膜光阀投影电视机 DMD 投影电视机

1. 按屏幕尺寸分类

电视机按照屏幕对角线尺寸分类时，习惯上以 in（英寸）为单位。目前我国电视机产品以14 in、17 in 黑白电视机和 14 in、18 in、21 in、25 in、29 in、34 in 彩色电视机为最多。以 cm（厘米）为单位表示，21 in 相当于 53 cm；25 in 相当于 64 cm 等。

2. 按控制方式分类

电视机可分为遥控型和非遥控型。

3. 按内部电子器件分类

电视机可分为电子管电视机、晶体管电视机和集成电路电视机。目前市场上电子管电视机已被淘汰，普遍采用集成电路电视机。这种电视机性能好，可靠性高。

4. 按频道数量分类

电视机可分为单频段和全频段两种。单频段（VHF）包括 1~12 频道。全频段可划分为：

（1）甚高频段（米波段）VHF-Ⅰ频段，频率范围：48.5~72.5 MHz、76~92 MHz，频道：1~5 频道；VHF-Ⅲ频段，频率范围：167~223 MHz，频道：6~12 频道。

（2）特高频段（分米波段）UHF-Ⅳ频段，频率范围：470～566 MHz，频道：13～24频道；UHF-Ⅴ频段，频率范围：606～958 MHz，频道：25～68频道。

5. 按制式分类

所谓制式是指传送电视信号所采用的技术标准，目前世界上用于彩色电视的制式有三大类。

（1）正交平衡调幅制，简称NTSC制。采用这种制式的主要国家有美国、加拿大和日本。

（2）正交平衡调幅逐行倒相制，简称PAL制。德国、英国和其他一些西北欧国家采用这种制式。

（3）行轮换调频制，简称SECAM制。采用这种制式的有法国和东欧一些国家。

同一制式在不同的国家采用时，对图像载频和伴音载频分别做了改动，因此，相互并不通用。我国采用的彩色电视机制式为PAL-D制。

6. 按显像管结构和内部电路不同分类

按这种分类方法有三枪三束管式、单枪三束管式、自会聚管式、平面直角管式、液晶显示式、超滤光屏幕显像管式、“3D”电路式。

（1）三枪三束管式

三枪三束彩管（又称荫罩管）是1950年美国RCA公司研制开发的，它的实质是将三个显像管复合在一起，并将电子枪按品字形排列，安装在管径里。这种结构的彩管主要缺点是三枪三束会聚困难，有关电路复杂且调试困难，显像管边缘聚焦性能不好，荫罩板小孔使电子透射率较低。

（2）单枪三束管式

单枪三束彩管是1967年日本索尼公司在三枪三束管基础上研制成的。这种彩管屏幕呈柱面形，荧光粉按垂直条纹排列。该彩管的特点是一个电子枪装三个阴极，呈一字形排列，以垂直栅极代替三枪三束管的圆孔形荫罩，荧光粉由红、绿、蓝重复出现的三色垂直粉条构成，并与垂直条形栅极对应。其缺点是条形栅网刚性差，易振动，受电子轰击时易变形，所以其水平分辨率较低。另外动态会聚还需调整，整机质量不够理想。

（3）自会聚管式

1972年，美国RCA公司在三枪三束和单枪三束两种彩管的基础上，研制出自会聚彩管，吸收了前两种彩管的长处，舍弃两者的不足，是目前使用较多的一种彩管。自会聚彩管的特点是采用了一体化精密一字形电子枪，它不像三枪三束彩管那样按品字形排列，也不像单枪三束彩管那样只有一个电子枪。这里的“一字形”是指三个电子枪在同一平面上，相互之间间距很小，并且精确排列在一条直线上；“一体化”是指三个电子枪之间位置由一组单片三孔栅极精确定位，并形成一体。采用精密静态环形偏转线圈（或称动会聚自校正偏转线圈），这种结构本身能产生电子束动态会聚所需的会聚磁场，因而能使三条电子束在整个荧光屏上自动会聚，使用时不需调整，所以聚焦性能好，清晰度高，由于不需调会聚电路，使电路进一步得到简化。在这个基础上配合采用快速启动阴极，开机后只需 5 s 即可出现图像，是目前国内外大部分彩电采用的显像管。

(4) 平面直角管式

平面直角管是 1992 年由美国 RCA 公司、荷兰飞利浦公司、日本东芝公司、日立公司相继开发研制的彩管，又称全方形彩管，简称 FST（Full Square Tube）。FST 保留了会聚的特点，在设计和制造中又采用了防爆技术，改进了电子枪的设计，在荧光粉、灯丝和偏转线圈等方面都做了改进，采用了新材料，使彩管聚焦性能、清晰度、亮度、色纯度和防爆性能有明显的提高。平面直角管式电视机如图 3.8 所示。

(5) 液晶显示式

液晶显示屏于 1975 年由美国休斯敦公司研制，采用液晶屏和集成电路驱动，其特点是体积小（厚度仅有十几毫米）、耗电省、没有几何失真、三基色（R、G、B）边缘会聚良好，是重要的发展方向。液晶显示式电视机如图 3.9 所示。

图 3.8 平面直角管式电视机

图 3.9 液晶显示式电视机

(6) 超滤光屏幕显像管式

这种技术是日本东芝公司在其彩电上采用的新型超平面、超滤光彩管。制作彩管时，先在屏上喷涂一层硅烷化合物，再进行烧结，使屏上牢固粘附一层凹凸不平的透明导光膜。采用这种技术的彩管优点是，当环境光线照射在这层薄膜上时，反射光变成微弱的漫反射，从而使得进入电视观众眼内的反射光会降低到原来的 1/2 左右，既提高了图像的质量，又使得眼睛舒适。另外，这层导电膜还有释放静电的功能，使屏幕不带静电，减少了吸附灰尘。超滤光屏幕显像管式电视机如图 3.10 所示。

(7) “3D” 电路式

所谓“3D”电路是指动态彩色鲜艳度增强电路（Dynamic Color Acutance Improper）。动态景物层次控制电路（Dynamic Scene Control）使暗场层次分明。动态扫描速度调制电路（Dynamic Scan Modulation）使景物线条分明，轮廓清晰。在接收 NTSC 制电视广播时，利用梳状滤波器分离亮度信号，减少亮度和色度信号的相互串扰，减少亮度信号高频成分损失，提高图像的清晰度。采用准分离式伴音中放道路，使图像、伴音信号各自独立，互相串扰减少，更加有利于提高信噪比和展宽图像的频带。

7. 按大屏幕投影方式分类

大屏幕投影电视机简称投影机，它是利用光学系统将电视图像、数据或图形，经过放大后投射到屏幕上的一种显示方式，如图 3.11 所示。它一般由三部分组成：图像信号发生器、光学系统和屏幕。投影机分类为：

图 3.10 超滤光屏幕显像管式电视机

图 3.11 投影机

（1）CRT 投影机

CRT（Cathode Ray Tube，阴极射线管）投影机是每个投影管的荧光屏上分别产生红、绿、蓝三基色电视图像，通过光学系统放大投影到屏幕上合成为大屏幕彩色电视图像。它是在彩电基础上发展起来的，具有与直视型 CRT 彩电相媲美的图像质量。

CRT 投影显示需要 3 个高质量的 CRT 投影管，产品的体积和质量相对较大，制造成本也较高。另外，在日常使用中调整也很麻烦。因此，CRT 投影机已经逐渐退出市场。

（2）液晶显示（LCD）投影机

LCD（Liquid Crystal Display，液晶显示器）投影机是用电写入方法在三块液晶板或一块彩色液晶板上，分别产生红、绿、蓝电视图像，以此作为光的阀门，在相应的三基色恒定光源照射下，液晶板对光强进行调制，通过光学系统进行放大，投影在屏幕上，从而产生大屏幕彩色图像。

同 CRT 投影机相比，LCD 投影机具有体积小，结构简单，质量轻及使用方便等优点。由于 LCD 投影机光的产生与光的调制是分开的，从长远来看，还具有进一步提高亮度和清晰度的潜力。

（3）图像光放大（ILA）型光寻址液晶光阀投影机

它是采用光写入方法的一种液晶光阀投影机，采用光驱动的光-光变换型的液晶光阀。ILA 是一种光寻址的调制器件，它是通过液晶层用低亮度的图像对一个高强亮度光进行相位调制。如液晶片的图像可以用 CRT 作图像光源写入，简称 ILA 液晶投影机，又称光写入液晶光阀投影机。

由于 ILA 液晶光阀的优良特性，与传统的 CRT 投影机、LCD 投影机相比，具有能兼顾高亮度和高清晰度的优点，典型产品的水平清晰度超过 1 000 线，对比度为 150 : 1，可达到 HDTV 的质量。

（4）油膜光阀投影机

利用油膜在一定范围内形变深度与衍射光强度之间存在近似线性关系的原理将其作为光阀。油膜形变的深度受视频信号调制，在油膜面上形成相位衍射光栅，恒定光源通过输入光阀、衍射光栅输出光阀，衍射光线射到屏幕上，将产生大屏幕电视图像，这就是油膜光阀投影机工作原理。

（5）数字微镜器件（DMD）式投影机

DMD 是一种单片微机机械空间光调制器，属机电半导体器件。它的核心由三组（红、绿、蓝）微型铝质反射镜组成。每一基色光照射一组 DMD，然后与其他两组 DMD 反射光组合，形成一个全色图像。

二、电视机的使用与维护

电视机的控制钮一般安装在电视机正下方的控制盒中，如图 3.12 所示。

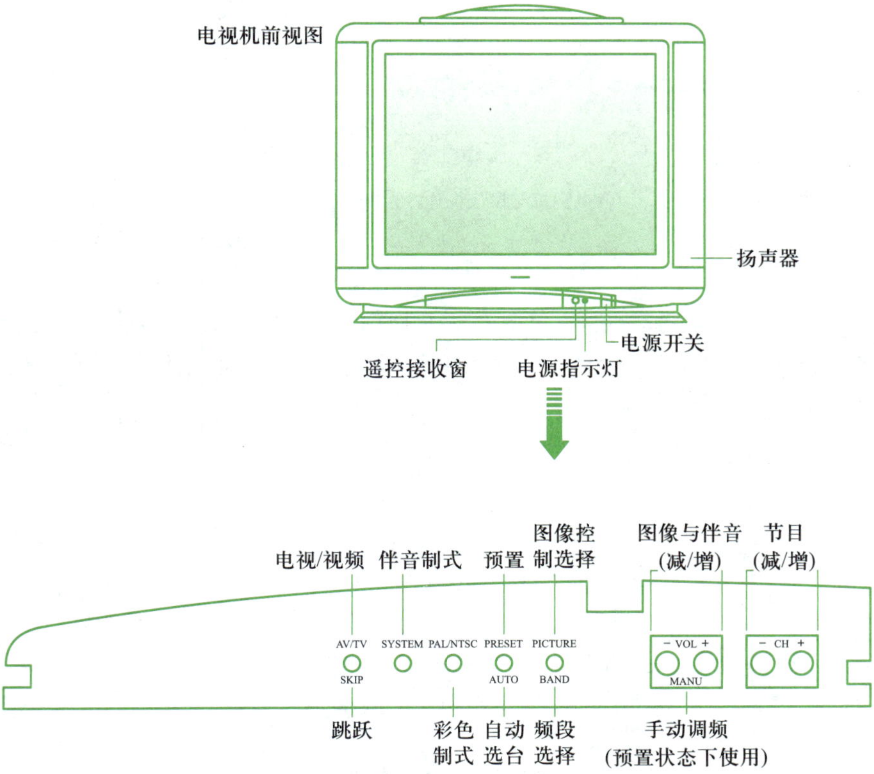

图 3.12 电视机及控制盒

按图 3.12 所示各种不同按钮，即可以完成对电视机的设置与控制。

电视机与其他音频/视频设备的连接示意图如图 3.13 所示。连接前应关闭电视机和外接装置的电源开关。

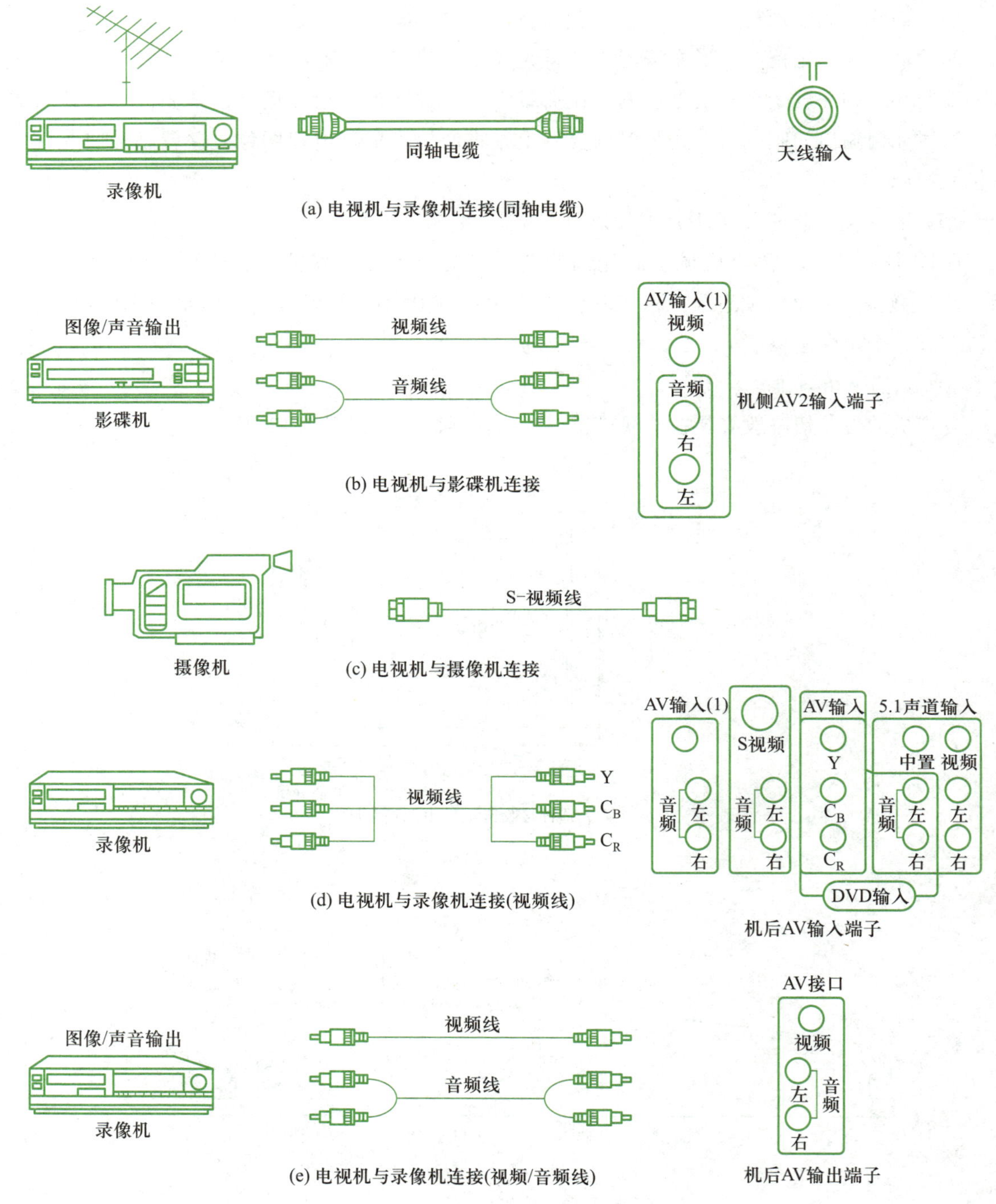

图 3.13 电视机与其他音频/视频设备连接示意图

1. 一般使用方法

(1) 对比度调节

先将饱和度旋钮置于最小位置，色调旋钮置于中间位置，即不使屏幕上呈现任何彩色。然后再调节对比度旋钮（同时用亮度旋钮配合），使彩条信号或彩色测试卡中 8 个等级的灰度从白到黑能层次分明地呈现。

(2) 彩色调节

再将色饱和度旋钮逐渐开大，使其在原来的每一个灰度等级上，都加上不同的颜色，色彩的浓度应逐渐加深，并呈现鲜艳的彩条或彩色图像。但在正常收看时，彩色必须调节适当才能有真实感。这一步调节等于给图像加上彩色。在加上彩色后，如果对比度旋钮开得太大，会产生彩色图像失真。

(3) 色调调节（肤色调节）

当开始收看彩色电视节目时，如感到图像中人物的肤色（如脸色）偏红时，可适当调节色调旋钮使红色减少，青色增加；反之，如感到肤色偏青，则可适当增加红色，减少青色，使图像更富有真实感。

此外，在接收彩色图像时，如产生的图像不够清晰，出现重影、镶边或者有伴音干扰等，甚至只出现黑白图像而无色彩时，可调节频率微调旋钮来解决。

2. 节目预选器的使用

节目预选器的频段开关上表示频段的符号：VHF-L 频段，用 VL 表示：VHF-H 频段，用 VH 表示：UHF 频段用 U 表示。

在预选器或遥控器上大多有一挡标有“AV”标志，表示预选器在这一挡时接收录像机、个人计算机，家用游戏机的输出信号。由于这些电视信号比空间传播的电视信号要强许多，所以在“AV”挡的输入端加上一个限幅器。限幅器对广播电视信号有衰减作用，用“AV”挡接收电视台节目的效果要比用其他挡接收的效果差，所以在“AV”挡上不要预置电视节目频道。

电视机一般有自动预选和半自动预选，可通过自动预选自动设定节目频道，再用半自动预选对一些信号较弱、重交选择和图像不清晰的频道做调整或筛选。

通过遥控器可对电视机进行控制，图 3.14 所示为彩色电视机的遥控器，在安装两节碱性电池（5 号，1.5 V），并确保电池极性正确情况下，即可利用遥控器对电视机进行控制。

3. 彩色电视机使用注意事项

(1) 对有遥控功能的电视机，晚间睡前最好拔掉电源插头或关掉电源。因为有些电视机（特别是一些进口机），一旦插上电源插头，显像管灯丝就加上了较低的电压（4 V 左右），处于预热状态；一些电路也开始工作，处于等待状态。如果用遥控关机，这时屏幕上虽然已没有光，但电视机仍有 14 W 左右的功率消耗。长期下去，不仅消耗电力，对电视机寿命也不利。

(2) 如有故障，应即刻关机。在收看过程中，如发现屏幕上呈现的图像色彩突然消失或变化不定时，应立即关机，待故障解决后才能继续使用，否则易使故障扩大或损坏机内更多的元器件。

（3）不能随意调整参数。对于色纯度，静、动会聚，白平衡等机内调节旋钮或调整器，其调整步骤都比较复杂，精度要求也高，因此在不具备这方面的专业知识，不了解这方面的性能和特点时，不能随便乱动、乱调，以免引起更大的故障。

（4）不要将彩色电视机放在受其他电器磁场影响的地方。因为彩色电视机如受到强磁场的磁化，将出现彩色发花（彩色不纯）现象，影响收看。

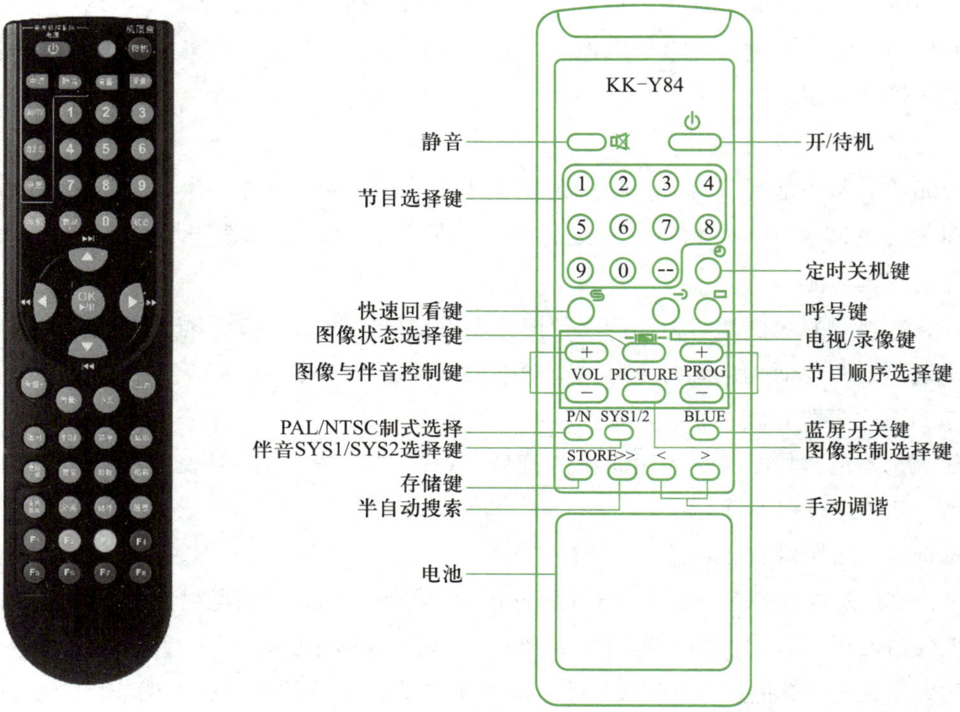

(a) (b)

图 3.14 彩色电视机的遥控器

三、电视机常见故障检修

对于电视机简单故障（非机器故障，可能是简单原因或误调造成）的处理见表 3.6。

表 3.6 对于电视机简单故障的处理

故障现象	处理方法
图像中有条纹干扰	1. 检查天线有无断线或调整天线的方向； 2. 可能是附近设备的干扰； 3. 调整好调谐控制

续表

故障现象	处理方法
图像失真	1. 检查天线连接情况或调整天线的方向； 2. 调整好调谐控制
部分频道接收差	1. 检查天线有无断线或调整天线的方向； 2. 调整好调谐控制； 3. 可能是附近设备的干扰
水平带干扰	1. 检查天线有无断线或调整天线的方向； 2. 可能是附近设备的干扰
图像上下滚动	1. 检查天线连接情况或调整天线的方向； 2. 调整垂直同步旋钮； 3. 可能是附近设备的干扰
色彩不良	1. 检查天线连接情况或调整天线的方向； 2. 可能是附近设备的干扰； 3. 调整亮度控制； 4. 调整对比度； 5. 调整好调谐控制
无色彩	1. 检查天线连接情况或调整天线的方向； 2. 调整好调谐控制； 3. 将遥控器对准电视机的遥控器； 4. 接制式键， 检查制式是否正确
不能遥控	1. 将遥控器对准电视机的遥控器； 2. 检查遥控器中的电池

3.6 DVD 影碟机的使用与维护

应知应会：

1. 了解 DVD 影碟机外形特点及发展。
2. 了解 DVD 影碟机的种类及分类方法。
3. 会将 DVD 影碟机与电视机、音频设备进行正确连接。
4. 会对 DVD 影碟机进行正确的使用与维护。

DVD 光盘是一种高密度、大容量、多用途的数字记录媒体。DVD 技术采用 MPEG-2 压缩编码/解码技术，码率平均值为 4.69 Mb/s，最高达到 10 Mb/s，并且具有更强的纠错能力，水平清晰度达 500 线，视频信噪比达 65 dB，满足了高清晰度、数字化电视机对信号源的要求。DVD 影碟机的音频系统采用立体声输出以及杜比 AC-3 数字编码信号输出，使用专门开发的杜比 AC-3/5.1 声道环绕声解码器，提供 6 路高质量环绕声音响输出。常见 DVD 影碟机外形如图 3.15 所示。

图 3.15 DVD 影碟机外形

一、DVD 影碟机的种类

DVD 影碟机分类情况见表 3.7。

表 3.7 DVD 影碟机分类

序号	分类方式	类别
1	按激光头分类	双激光头机芯 DVD 影碟机 双聚焦机芯 DVD 影碟机 双透镜机芯 DVD 影碟机 双激光器机芯 DVD 影碟机
2	按制式分类	NTSC 制 DVD 影碟机 PAL 制 DVD 影碟机
3	按区域代码分类	第一区代码 第二区代码 第三区代码 第四区代码 第五区代码 第六区代码

1. 按 DVD 影碟机机芯激光头分类

（1）双激光头（DUAL LASERS）机芯

这种机芯有两个激光头，当要播放的碟片进入后，读片机构首先检测出其格式。如果是 CD 碟片，就自动选用播放 CD 碟片的激光头来工作；如果是 DVD 碟片，则由播放 DVD 碟片的激光头来工作。不工作的激光头则自动断电而处于“休息状态”。双激光头最出色之处在于能读 CD-R 碟片或 CD-RW 碟片，且读碟片能力好，使用寿命长。缺点是结构较复杂，造价较高，同时机械故障率也较高。

（2）双聚焦（DUAL FOCUS）机芯

这种机芯中只有一个激光头，它采用双聚焦点编程透镜，当要播放的碟片进入后，激光头发出不同的激光束自动检测碟片，然后再按检测出的不同碟片规格而自动选择相应的聚焦点来读取信号，也就是说双聚焦机芯的单激光头同时产生两个不同焦距的聚焦光点，其中一个聚焦到 CD 碟片轨道处，另一个聚焦到 DVD 碟片轨道处，从而分别播放 CD 碟片、DVD 碟片。这种机芯结构简单、可靠性高且制造成本低，但激光头的使用寿命要短些。

（3）双透镜（DUAL LENSES）机芯

这种机芯中也只有一个激光头，在激光头上有两个透镜，其中一个透镜用来播放 CD 碟片，而另一个则是播放 DVD 碟片的专用透镜。这种机芯容易做到准确寻迹，但由于采用了双透镜结构，因此，必须提高激光束功率，从而影响了激光头的使用寿命，又因为频繁更换透镜，也会使机械故障率高一些。

（4）双激光器机芯

双激光器机芯仍然只有一个激光头，但它在一个激光头里安装了两个激光二极管，其中一个激光二极管发射读取 CD 碟片、CD-R 碟片用的 780 nm（纳米）的激光束，而另一个激光二极管则发射读取 DVD 碟片用的 650 nm 的激光束。这种双激光器机芯的 DVD 影碟机，读碟速度更快，其结构也较简单，降低了机械故障率，且使用寿命也较上述两种单激光头的要长。

2. 按制式分类

DVD 影碟机与彩色电视机一样也具有各种制式，目前绝大多数是 NTSC 制，少数是 PAL 制的，而且进口机一般没有制式转换功能，用它们来和多制式彩色电视机相连时，把彩色电视机设置为“AUTO（自动）”时，彩色电视机会选择相同的制式，从而获得色彩艳丽的图像。国产 DVD 影碟机绝大多数都具有制式转换功能，也就是说可以把国产 DVD 影碟机输出信号任意设置为 PAL、NTSC 或 AUTO。

二、DVD 影碟机的使用与维护

DVD 影碟机在家庭中一般是用来播放影视节目，与其他设备一起构成家庭影院系统。

1. 与电视机相连

DVD 影碟机与一般电视机的连接如图 3.16（a）所示，将音频接线⑤和视频接线⑥连接后便可使用。DVD 影碟机与有立体声的电视机的连接如图 3.16（b）所示，将 DVD 影碟机音频输出端接电视机的音频输入端①（红色、白色），DVD 影碟机视频输出端接电视机的视频输入端②（黄色），另外还要将电视机和 DVD 影碟机接地端③连接，以减少欣赏卡拉 OK 时来自传声器接线的噪声。使用电视机上的扬声器演唱卡拉 OK 时，需将衰减器开关设置在 ON（开）状态。

如果 DVD 影碟机与电视机都具有 S 端子，就应将它们连接，这种 S 端子是将色彩（C）信号和亮度（Y）信号在输出给电视机之前进行分离，从而可以获得最佳图像。

2. 与音频设备相连

DVD 影碟机与音频设备的连接如图 3.17 所示，先将视频/音频和 S 端子连接好，用音频线将 DVD 影碟机与音频设备的音频输入端⑦（红色、白色）连接，在进行上述连接时，必须

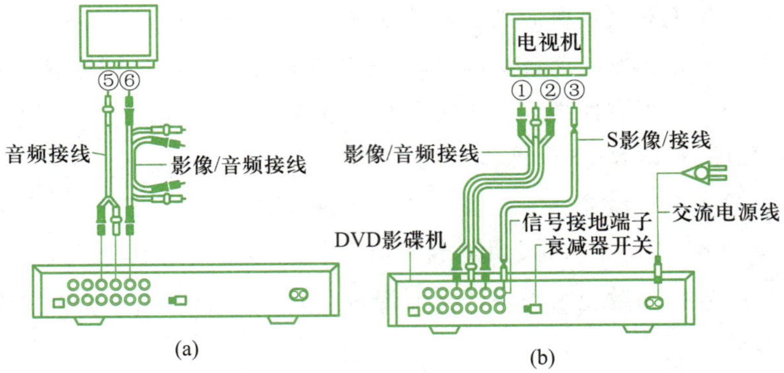

图 3.16 DVD 影碟机与电视机的连接

将所有扬声器的设置由 SURROUND SOUND（环绕声）改为 ON（开）。

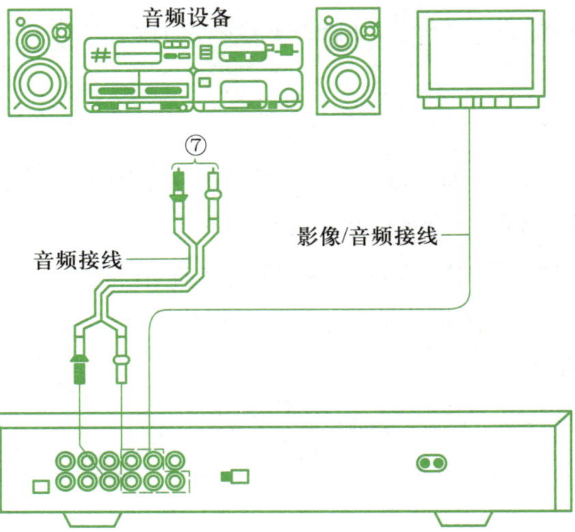

图 3.17 DVD 影碟机与音频设备的连接

DVD 影碟机根据是否内置有 AC-3 解码器分为两类，必须配置不同的功率放大器。带有杜比数字（DOLBY DIGITAL）AC-3 解码器的 DVD 影碟机箱有 6 个接线端子组成一组杜比数字 AC-3 输出，这就是所谓的 5.1 声道环绕声输出通道。5.1 声道环绕声中的 5 是指前置（FRONT L/R）、中置（CENTER）、后置环绕（SURROUND L/R）共 5 个相对独立的声道；0.1 是指超重低音（SUB WOOFER）声道，它只占部分频带（3~120 Hz），共 6 个端子。为其选配的功率放大器的面板上应标有 5.1 ch INPUT 或 AC-3 READY 符号，表示具有 5.1 声道环绕声功能，而且功率放大器和 DVD 影碟机插口是完全相对应的。

对于不具备 AC-3 解码功能的 DVD 影碟机而言，其盘片内的数字环绕信号需要相匹配的 AV 功放解读，连接形式如图 3.18 所示。

图 3.18 中，可先将电视机按常规方式连接好，音频信号送至可进行杜比数字 AC-3 处理的解码器的光导数字音频输入连接端，连接光导数字接线时要注意取下连接端的防尘帽，牢靠地连接两线使两根接线和连接端的外形保持一致。

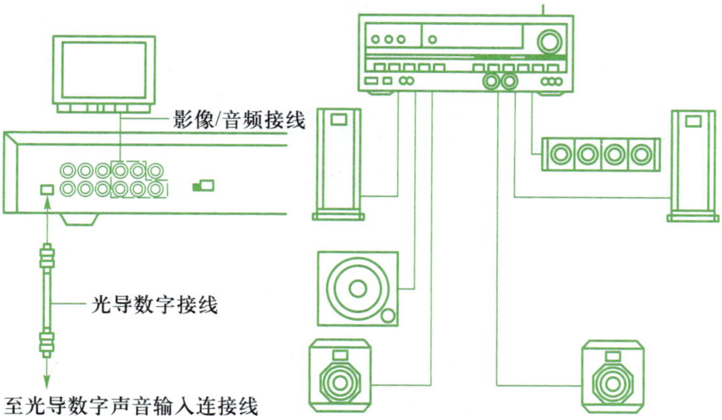

图 3.18 连接杜比数字处理的解码器

3. DVD 影碟机的维护

对于 DVD 影碟机的一般维护方法见表 3.8。

表 3.8 对于 DVD 影碟机的一般维护方法

故障现象	维护方法
无电源	将电源插头牢靠地插入电源插座
电源自动关闭	停止状态超过 30 min 时电源会自动关闭，属于正常现象，需再次打开电源
按 PLAY 钮，不能开始播放或不能播放 DVD 碟片、CD 碟片，或可以播放，但开始后立即停止	凝结了湿气，等待 1 ~2 h，使机器干燥
	机器很脏，需做清洁处理
	标识面朝上
无图像	正确连接，将电视机的输入设定为“图像”
无声或声音失真	设备正确连接，电视机和立体声组合音响的输入设定正确，在静止画面或慢动作播放中听不见声音，属正常现象
快进或快退中图像失真	正常现象
无快进或快退播放	可能会有禁止快进或快退的需要
无图像尺寸显示	选择与所用的电视机相一致的“电视屏幕 TV SCREEN”项目的正确设定
无屏幕显示	在屏幕显示“OSD DISPLAY”设定中选择了 OFF，应改为 ON

续表

故障现象	维护方法
无环绕声音响	选择与立体声组合音响相一致的环绕声，正确设定音响“SURROUND SOUND”的项目
不能用遥控器进行操作	检查装入电池的极性（+和-）是否正确
	电池已耗尽，需更新
	将遥控器对准遥控传感器进行操作
	在离遥控传感器 7 m 的范围内操作遥控器
	拿走遥控器和遥控传感器之间的障碍物
本机或遥控器上的按钮操作都无效	关闭电源然后再打开，或者关闭电源拔出交流电源线，然后重新插入插头
选择了片名也不能播放	确认等级“RATING”设定情况
音频声迹或字幕语言不是初始设定时所选择的	不存在音频声迹或字幕，听不见初始设定时所选择的语言，属正常现象

3.7　数码相机的使用与维护

应知应会：

1. 理解数码相机的构成。
2. 了解数码相机的种类及分类方法。
3. 理解数码相机的常用术语。
4. 会正确使用与维护数码相机。
5. 会对数码相机常见故障进行分析与处理。

数码相机的诞生，打破了传统的摄影常规，它像摄录机那样“所见即所得”，以数字化方式存放的照片可以任意删除和修整，甚至可以调整颜色和背景。由于数码相机比传统相机使用更方便、更快捷，因此数码相机已经成为家庭、办公人士以及专业摄影人员的必然选择。

一、数码相机的构成

数码相机的构成器件有：镜头、光电转换器件（CMOS /CCD）、模数转换器（ADC）、微处理器（MPU）、内置存储器、液晶屏幕（LCD）、可移动存储器、接口（计算机/电视机接口）、锂电池等。图 3.19 为数码相机的构成。

1. 取景器

可以帮助摄影者确定选取的景物范围和图像的构图布局，还显示主要的拍摄模式和拍摄参数。

图 3.19 数码相机的构成

数码相机上的液晶显示屏（简称 LCD）也可用于无视差取景预览。

（1）光学取景器：被摄体的光线通过镜头、反光镜成像在对焦屏上，对焦屏上的影像通过五棱镜及目镜被人眼所看到。这种取景器的结构比较复杂，最大的优点是没有视差，取景非常准确，但制作成本较高。

（2）电子取景器：现在绝大多数家用的消费型数码相机都使用了电子取景器，把一块微型液晶显示屏安放在取景器内部进行取景。除了让拍摄者进行构图外，还能够显示每次拍摄所必需的所有信息，包括当前拍摄模式、拍摄张数、快门速度、光圈及曝光补偿等。

（3）Live　View 实时取景：通过电子取景的方式观察液晶显示屏来取景拍摄，逐渐成为数码单反相机的发展方向。

2. 液晶显示屏（LCD）

（1）是取景器的一种延伸，既可以用于无视差取景预览，又能随时用于已拍摄照片的重放。

（2）有的液晶显示屏还可改变角度，可根据现场的光照方向随时变换角度以减少光线的反射。

（3）LCD 取景从传感器中直接提取图像信息，从根本上消除了取景视差，颜色更加逼真。

（4）现在流行的 LCD 尺寸主要为 2. 5 in 和 3 in，分辨率从 20 万像素到上百万像素不等，LCD 的尺寸越大、分辨率越高，预览的图像色彩和细节就越好。

3. 图像传感器

数码相机以图像传感器代替了传统相机的胶片，作为捕捉图像信息的载体，它是数码相机的心脏，如图 3. 20 所示。通过图像传感器来实现电荷的存储和转换，把摄影镜头产生的图像信息转化成数字信号，并以数字的形式记录在存储卡上。

图 3. 20　图像传感器

二、数码相机的种类

根据数码相机的用途，可以简单将数码相机分为单反数码相机、卡片数码相机、长焦数码相机等。

1. 单反数码相机

单反数码相机指的是单镜头反光数码相机，英文缩写为 DSLR，即 Digital（数码）、Single（单独）、Lens（镜头）、Refiex（反光）。市面上常见的单反数码相机品牌有尼康、佳能、宾得、富士等，如图 3. 21 所示。

单反数码相机的特点是可以根据需要更换不同规格的镜头，适合比较专业的人士使用。另外，现在的单反数码相机都定位于数码相机中的高端产品，因此在关系数码相机摄影质量的感光元件（CCD/CMOS）的面积上，单反数码相机远远大于普通数码相机，这使得单反数码相机的每个像素点的感光面积也远远大于普通数码相机，因此每个像素点也就能表现出更加细致的亮度和色彩范围，使单反数码相机的摄影质量明显高于普通数码相机。

(a)　　　　(b)

图 3.21　单反数码相机外形

2. 卡片数码相机

卡片数码相机在业界并没有明确的概念，小巧的外形、相对较轻的机身以及超薄时尚的设计是衡量此类数码相机的主要标准。卡片数码相机外形如图 3.22 所示。

卡片数码相机的特点是时尚的外观、大屏幕液晶屏、小巧纤薄的机身、操作便捷、便于携带，但手动功能相对薄弱、尺寸大的液晶显示屏耗电量较大、镜头性能较差。卡片数码相机一般适合非专业人士使用。

3. 长焦数码相机

长焦数码相机指的是具有较大光学变焦倍数的机型。光学变焦倍数越大，能拍摄的景物就越远。镜头越长的数码相机，内部的镜片感光器移动空间更大，所以变焦倍数更大。长焦数码相机外形如图 3.23 所示。

图 3.22　卡片数码相机外形

图 3.23　长焦数码相机外形

长焦数码相机的特点是可以拍摄较远距离的景物，适合拍浅景深（即主体突出而背景虚化）的效果。

三、数码相机的使用与维护

1. 数码相机的常用术语

(1) 光圈

光圈主要功能是控制透过镜头进入机身内感光面的光量，是数码相机一个极其重要的指标参数，通常在镜头内。

光圈类似于水龙头，如果把它开大，就能有大量的光线进入；如果把它关小，就只会进入较少的光线，如图 3.24 所示。

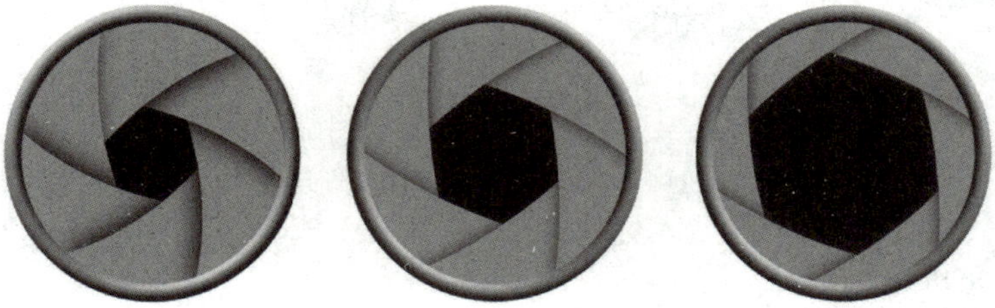

图 3.24 光圈

表达光圈大小用 f 值表示，f 值的完整序列如下：f/1，f/1.4，f/2，f/2.8，f/4，f/5.6，f/8，f/11，f/16，f/22，f/32，f/44，f/64。数值越大，进光量越少。开大一挡光圈，进入数码相机的光量会加倍；缩小一挡光圈，光量将减半。

(2) 快门

快门是数码相机控制曝光时间的一种装置，快门也有一个标准的系数：1½，1/4，1/8，1/15，1/30，1/60，1/125，1/250，1/500，1/1 000，B，T。快门每提高一级，曝光时间就延长一倍；快门每降低一级，曝光时间就缩短一倍。快门的曝光时间越短，拍摄照片的清晰度越高，反之，会出现照片的抖动现象。这时，就需要使用三脚架防止抖动的发生。

(3) ISO 感光度

“ISO 感光度”在数字上等同于胶片感光速度。ISO 感光度越高，曝光时所需光线越少，从而可以使用较高的快门速度或较小的光圈。

比如，在光照不足的情况下又要拍摄运动的物体，如果依靠延长快门时间的方法来得到最佳曝光，拍摄的物体会变得模糊，在这种情况下，可以提高感光度来确保被摄主体的清晰。曝光量与各参数的关系如下：

光圈+快门+ISO 感光度=曝光量

(4) 白平衡

物体颜色会因投射光线颜色产生改变，在不同光线的场合下拍摄出的照片会有不同的色温。例如，在钨丝灯（白炽灯）照明的环境下拍出的照片可能偏黄。一般来说，CCD 没有办法像人眼一样会自动修正光线的改变。所以通过白平衡的修正，它会按目前画像中图像特质，立即调整整个图像红、绿、蓝三色的强度，以修正外部光线所造成的误差。有些数码相机除了设计自动白平衡或特定色温白平衡功能外，也提供自动白平衡调整。

(5) 曝光补偿

曝光补偿是一种曝光控制方式，用于改变数码相机所测定的曝光值，从而使照片更亮或更暗。一般常见在±2～±3 EV，如果环境光源偏暗，即可增加曝光值（如调整为+1 EV、+2 EV）以突显画面的清晰度。如果照片过亮，要减小 EV 值。

(6) 光学变焦与数码变焦

光学变焦依靠光学镜头结构来实现变焦，也就是通过镜头移动来放大与缩小需要拍摄的景物，光学变焦倍数越大，能拍摄的景物就越远。

数码变焦是通过数码相机内的处理器，把图片内的每个像素面积增大，从而达到放大目的。这种手法如同用图像处理软件把图片的面积改大。通过数码变焦，拍摄的景物放大了，但清晰度会有一定程度的下降，所以数码变焦并没有太大的实际意义。

2. 数码相机的操作步骤

数码相机因其简单方便而受到越来越多的消费者的青睐，对于初学数码摄影的朋友来说要想拍摄出满意的照片并不难，如何才能做到呢？请参照以下的步骤：

(1) 进行正确的参数设定

在初学的时候应该多利用数码相机本身的自动拍摄功能，首先将功能模式按钮调整到“拍摄”模式，然后将拍摄模式转盘调整到“自动（AUTO）”选项，接下来就是取景工作。

(2) 取景

在选择好被拍摄的对象后，就要进行取景，建议初学者使用 LCD 液晶显示屏取景的方式来观察拍摄对象，这样在液晶显示屏中显示的画面就是“所见即所得”的，最后拍摄出来的画面就是液晶显示屏上看到的画面。在取景的时候，眼睛要和液晶显示屏保持垂直角度，远近和大小通过机身后面的缩放控制按钮来调节。通过观察液晶显示屏确定最后的取景效果，然后就可以按下快门了。

(3) 按快门

因为目前大多数的数码相机的快门都有焦距锁定功能，也就是说轻轻按下快门后，这时相机并没有执行拍摄动作，而执行的是焦距锁定功能，要再接着按下去后，才真正完成拍摄动作。

3. 数码相机的拍摄模式

现在大部分初级用户使用的是数码相机的自动模式，而在特殊的拍摄环境中，其相片质量当然难以保障。有时我们希望拍摄出有个性的照片。这时候就需要根据不同的环境来选用适当的拍摄模式。下面介绍几种常用的拍摄模式。

数码相机拍摄模式的转换是依靠旋转“模式转盘”来进行的。图 3.25 所示是几种数码相机的模式转盘。

(a) 尼康相机模式转盘

(b) 佳能相机模式转盘

(c) 宾得相机模式转盘

(d) 索尼相机模式转盘

图 3.25 几种相机的模式转盘

我们可以通过模式转盘选择 AUTO（自动）、P（程序）、A 或 Av（光圈优先）、S 或 Tv（速度优先或快门优先）、M（手动）等模式。选择适当的模式后，我们可以在 LCD 或者参数显示屏（如图 3.26 所示）上显示设置的信息，根据自己的需要再进行微调。

（1）AUTO（自动拍摄模式）

这是最省事的拍摄模式，只要取景、对焦、按下快门即可拍照。至于白平衡、快门、光圈、ISO 值等，数码相机会自动处理。

这种模式因为使用简单，不需要对摄影有专业的了解，而且数码相机的自动计算结果可以适应大部分的拍摄环境，所以很适合拍摄生活照。但在一些特殊的情况下却不能满足拍摄的需求。

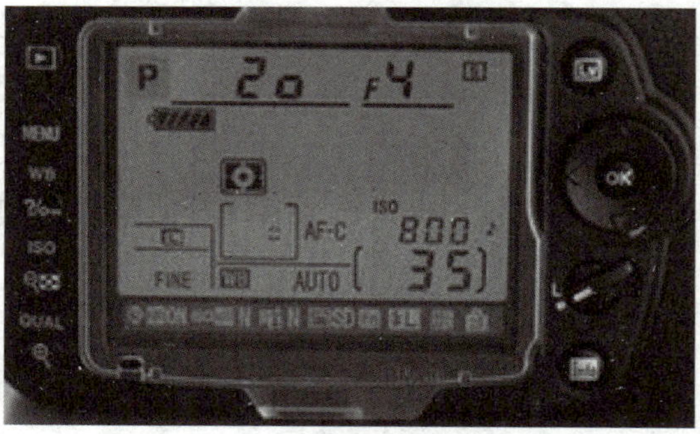

图 3.26 参数显示屏

（2）P（程序拍摄模式）

这种拍摄模式可以让数码相机自动设置快门速度和光圈大小，与 AUTO 拍摄模式相同。如果不能取得正确曝光，液晶显示屏上的快门速度与光圈值便会以红色显示，这时可以手动调节许多参数。例如，可以通过开启闪光灯、手动更改 ISO 值、改变测光方式、进行曝光补偿等使图像正确曝光。还可以通过白平衡的设置以表现更真实的图像色彩。

（3）S 或 Tv（速度优先或快门优先拍摄模式）

速度优先也称快门优先，在快门优先模式下，先根据需要设置快门速度，数码相机会自动选择合适的光圈值。较快的快门速度可以捕捉移动主体的瞬间图像，较慢的快门速度则会营造流动的效果。快门优先多用于运动物体的拍摄。

（4）A 或 Av（光圈优先拍摄模式）

光圈优先拍摄模式是指事先设置好所需要的光圈大小，数码相机会根据拍摄条件自动调节其他参数。利用这种模式，可以有效地控制景深的大小。例如，拍摄人像时，可选择较低的光圈值（开大光圈），景深变小，达到主体突出，背景虚化的效果。拍摄风光、建筑等大的场景时，则可选择较高的光圈值（缩小光圈），景深变大，使整个前景和背景都清晰。

（5）M（手动拍摄模式）

此模式需要以手动方式调节快门与光圈的参数，这需要摄影者具有丰富的摄影经验，否则难以正确曝光。这种模式的好处在于摄像者的自主性高，可以根据需要选择相应的快门和光圈，对曝光可实现完全的控制，进行富有创造性的拍摄。

四、数码相机常见故障与维护方法

数码相机是一种精密的设备，细心地维护可以延长其使用寿命。表 3.9 是数码相机常见故障与维护方法。

表 3.9 数码相机常见故障与维护方法

故障现象	可能原因	处理方法
液晶屏显示图像扭曲、偏色、模糊、混乱，甚至黑屏	CCD 问题	更换 CCD
照片上布满横纹，曝光过度	快门损坏或者快门排线损坏	检查、更换快门组件和排线
室内拍摄正常，室外曝光过度	光圈组件损坏，或排线损坏	更换相应配件
无法对焦，拍摄的照片是模糊的	可能是对焦组件出现故障，如对焦电机排线断；也可能是镜头由于机械碰撞使里面的镜片移位	更换相应配件
闪光灯损坏	如果闪光灯使用不多，一般不会损坏。可以检查主板上的相应电路	检查和更换损坏元件
不识别存储卡	首先更换存储卡试一试。排除卡的问题之后，可能是数码相机的卡槽损坏，一般为野蛮插拔导致	更换卡槽

3.8　播放器的使用与维护

应知应会：

1. 了解 MD 播放器发展及特点。
2. 了解 MP3 播放器的发展及特点。
3. 会对 MP3 播放器进行日常维护保养。
4. 会对 MP3 播放器的常见故障进行原因分析与故障处理。

一、MD 播放器

MD（Mini Disc）是一种新型的数字音频产品，如图 3.27 所示。MD 播放器分可录型 MD 和单放型 MD，它既具有 CD 的音质和长期保存性，又具有磁带的可录、可抹性。

MD 使用的是 ATRAC 压缩技术，研究显示，当人耳同时听到两种不同频率、不同音量的声音时，音量较小的那个会被忽略，利用这种特性，ATRAC 技术将资料调整、剪辑并压缩后存放在 MD 盘上。因此，MD 的音质要大大地好于磁带，如果采用数码录音方式，大多数的 MD 音质可以达到 CD 的水平。

MD 盘直径为 64 mm，厚度为 1.2 mm，可以储存 74 min（立体声）或 148 min（单声道）音乐（也有 60 min、80 min 的 MD 盘），有些 MD 驱动器还能储存相当于 140 MB 容量的数据，它可以记录 255 首歌，字幕总容量为 1 700 个字符。

它内置于 72 mm×68 mm×5 mm 的硬塑料保护套中，MD 盘借助这个保护套来抵御外界的不利因素，如外力、潮湿、摩擦等。MD 盘外形如图 3.28 所示。

图 3.27　MD 播放器

图 3.28　MD 盘外形

MD 播放器主要有四个特点：

① 易于携带。MD 盘非常小（比一张 3.5 in 软盘还要小），因此 MD 播放器也非常小，携带起来很方便，而且避振性能极佳（一般 MD 播放器都有 40 s 的防振功能）。

② 编辑功能强大。MD 播放器采用非线性记录方式，因此拥有快速选曲、曲目移动、合并、分割、删除、曲名编辑等多项功能，比 CD 机更具个性化。

③ 价格适中。现在，一台最新可录型 MD 播放器在 2 000 元左右，单放型则在 1 000 元左右，MD 盘则只需 20 元左右就可以买到。

④ 录制方便。MD 播放器可以将任何可输出的设备作为音源，如 CD 机、DVD 机、计算机声卡以及麦克风等进行模拟信号和数字信号的录音，使用起来非常方便。

二、MP3 播放器

在数字式音频播放器出现前，一般便携式音频播放器为模拟式，如使用卡式录音带的随身听。

MP3 播放器可以播放很多除 MP3 格式外的其他格式音频文件，如 WMA、WAV 等。MP3 播放器的外形如图 3.29 所示。

图 3.29 MP3 播放器的外形

1. MP3 播放器的特点

MP3 播放器与传统播放器相比，其存储介质采用大容量内存取代传统的磁带、磁盘、光盘。MP3 播放器还具有体积小、重量轻、抗振性好、便于随身携带、功耗低、连续播放时间长和无机械磨损等特点。

2. MP3 播放器的维护

日常注意 MP3 播放器的维护保养能够大大延长 MP3 的使用寿命，同时也能降低 MP3 的故障率。

(1) 防潮和防磁

MP3 播放器属于精密电子设备，潮湿后往往会导致内部元器件损坏，强磁场会破坏其内电路，因此要注意防潮和防磁。

（2）防机身划伤

由于 MP3 要经常携带在身上，因此不要将其与硬物，如钥匙等放在一起，避免划伤机身。

（3）科学使用电池

电池是 MP3 播放器的电源，因此电池对 MP3 来说是十分重要的。使用干电池及充电电池的 MP3 播放器。不要将电池在机器中放置太久。使用锂电池的 MP3 播放器，尽量将电量用尽后再充电。

（4）保护耳机

MP3 播放器音质的好坏耳机起到很重要的作用，并且耳机比较小巧，因此使用中需要特别注意。耳机使用时最好加配耳罩，耳罩不但能很好的保护耳机，也能使耳朵和耳机接合得更加紧密。耳机经过长时间使用后，极容易沾上汗水或油渍，需要定期清洁。若长时间不使用耳机，最好使用塑料带封好，再放入防潮珠，确保不会发霉。

（5）注意防尘

MP3 播放器长时间暴露在空气中，进入 MP3 播放器细小缝隙中的灰尘，可能会损坏机器。因此，平时使用中最好用合适的外套包裹 MP3 播放器，另外要定期清洁机身。

3. MP3 播放器的常见故障及维护方法

MP3 播放器的常见故障及维护方法见表 3.10。

表 3.10 MP3 播放器的常见故障及维护方法

故障现象	维护方法
显示黑屏	格式化造成字体库丢失，只要重新升级就可以恢复
开机就马上关机，或者无法开机	给 MP3 播放器充电（3~5 h），再开机看是否正常
进入未完成下载任务的文件夹时出现死机	重新开机并格式化内存

知识测评

一、填空题

1. 电视机的三大制式是________、________和________。

2. 收音机按调制方式可分为________、________、________、________。

3. MP3 播放器具有________、________、________、________、________、________。

4. 按照能量转换方式，一般将音视频产品分为________和________。

二、选择题

1. 对于收音机的功能叙述不正确的是（　　）。

A. 储存功能　　B. 选台功能　　C. 解调功能　　D. 电声转换功能

2. 下列设备中不能处理图像的是（　　）。

A. MD　　B. CCD　　C. LD　　D. DVD

3. 关于彩色电视机的三无故障的原因，下列不正确的是（　　）。

A. 开关电源　　B. 行扫描　　C. 场输出　　D. 行输出变压器

4. 高清晰度电视机简称（　　）。

A. DTV　　B. SDTV　　C. HDTV　　D. CAT

5. 不属于数码产品主要技术指标的是（　　）。

A. 像素和分辨率　　B. 变焦能力　　C. 存储卡　　D. 磨损率

6. 数码相机的存储介质主要是芯片和（　　）。

A. 钢化材料　　B. 炭化材料　　C. 磁性材料　　D. 软盘

7. LD 盘与 DVD 盘不相同之处是（　　）。

A. 都是激光读取　　B. 都可以储存音视频信号

C. 信号记录的方式　　D. 维护的方法

三、简答题

1. 试述数码相机的基本工作原理。

2. 盒式录音机的基本组成有哪些?

3. MD 播放器有哪些特点?

4. DVD 影碟机怎样与音频设备连接?

· 4 办公自动化产品的使用与维护 ·

场景描述：

小王和小李职业学校毕业后创办了一家小型复印店。创业的过程并不轻松，对于刚起步的小公司来说，他们的每一笔开销都要精打细算。业务上，他们既要打印大量的彩色宣传资料，还需要扫描、复印客户的照片、各种证件，使用传真机发送和接收各种资料等。日常办公需要使用各种现代化的办公自动化产品。

为了长远发展，对于办公自动化产品，不仅要考虑初期购买价格，还要考虑日后更换耗材的成本问题。经过全面的考察、对比、分析后，他们购进了一台传真一体机，该产品功能全面，拥有打印、复印、扫描、传真等多种输出功能，经济实用，具有打印数量大，打印成本低的特点，为他们的事业奠定了良好的基础。

办公自动化（OA）的概念起源于20世纪60年代初期，构成办公自动化系统的硬件主要包括计算机、传真机、打印机、电话机、复印机、扫描仪和投影仪等。本章主要介绍办公自动化产品的基本概念、简单的使用和维护。

4.1 办公自动化产品的分类

应知应会：

1. 了解办公自动化产品的常见种类和基本概况。
2. 了解办公自动化设备的发展趋势。
3. 掌握办公自动化设备的维修原则

一、办公自动化产品的分类

办公自动化产品的种类繁多，但基本上可分为以下五大类：

（1）信息复制设备包括复印机、一体化速印机、制版机、胶印机、电子排版轻印刷系统等。

（2）信息处理设备包括计算机、打印机、图形图像处理系统等。

（3）信息传输设备包括各种局域网和广域网、电话机、传真机等。

（4）信息存储设备包括磁存储、光存储、缩微胶片和摄录像设备等，如录音机、摄像机、数码相机、计算机文档存储系统等。

（5）其他办公辅助设备包括稳压电源、UPS、空调机、幻灯机、投影仪、碎纸机、装订机、裁纸机等。

综上所述，现代办公设备品种繁多，门类庞杂。在各类办公机构中目前应用最广泛的主要有传真机、印字机、复印机和一体化速印机等。

二、办公自动化类产品概况

1. 个人计算机

一台个人计算机主要由主机与外部设备两大部分组成。主机部分主要有主板、CPU、内存、外部存储器（光盘、硬盘或软盘驱动器）、显示适配卡和电源等。外部设备主要有键盘、鼠标、显示器、打印机、网络适配器等。

2. 打印机

打印机用于将数字、字母、文字、符号和图形等，依照规定的格式印在相关介质（纸）上。打印机正向轻、薄、短、小、低功耗、高速度和智能化方向发展。

3. 复印机

复印机是一种可将文件及影像快捷及廉价地复印到纸上的仪器。复印机主要优点是复印的速度快，操作简便。

4. 传真机

传真机是应用扫描和光电变换技术，把文件、图表、照片等静止图像转换成电信号，传送到接收端，以记录形式进行复制的通信设备。

5. 一体机

一体机是集传真、打印与复印等功能为一体的机器。

6. 扫描仪

扫描仪是利用光电技术和数字处理技术，以扫描方式将图形或图像信息转换为数字信号的装置。

7. 投影仪

投影仪又称投影机，是一种可以将图像或视频投射到幕布上的设备，可以通过不同的接口同计算机、VCD、DVD 等相连接，播放相应的视频信号。

三、设备的维护原则

进行办公设备保养维护时应遵循以下原则：

① 先简单后复杂原则。

② 先电源后负载原则。

③ 先静态后动态的原则。

④ 先软件后硬件原则。

⑤ 先一般后特殊原则。

⑥ 先外设后主机原则。

⑦ 先公用后专用原则。

四、办公自动化产品的发展趋势

1. 数字化

数字化是信息社会的技术基础，数字化技术还正在引发一场范围广泛的产品革命，各种电气设备都将向数字化方向变化。

2. 智能化

随着办公自动化产品市场竞争的日趋激烈，产品智能化优势在实际操作和应用中得到非常好的体现。

3. 无纸化

无纸化办公是指利用现代化的网络技术进行办公，可以不再使用纸张和笔。

4. 综合化

综合化办公将大大提高办公效率，简化办公流程，同时也将大大减少工作人员的工作强度和难度。

4.2 计算机的使用与维护

应知应会：

1. 了解个人计算机（PC）与办公自动化相关知识。
2. 会使用个人计算机并进行日常维护。

计算机俗称电脑，是一种能够按照事先存储的程序，自动、高速地进行大量数值计算和各种信息处理的现代化智能电子设备。计算机系统由硬件系统和软件系统两部分组成，如图 4.1 所示。

一、计算机的发展情况

计算机是 20 世纪最伟大的科学技术发明之一，因其运算速度快、计算精确度高、具有逻辑判断能力和自动控制能力强等显著特点，使其应用领域从最初的军事、科研应用扩展到社会的各个领域，对人类的生产、生活产生了极其重要的影响，并带动了全球范围的技术进步。伴随着互联网技术的迅猛发展，计算机已成为当今信息社会中必不可少的工具，成为办公自动化系统的最重要组成部分。中国互联网络信息中心（CNNIC）调查统计结果显示，截至 2013 年 12 月，全国企业使用计算机办公的比例为 93.1%。

1. 个人计算机硬件的发展

- 计算机系统
  - 硬件系统
    - 主机
      - 中央处理器CPU
        - 控制器
        - 运算器
      - 内存
        - ROM(只读存储器)
        - RAM(读写存储器)
        - Cache(高速缓冲存储器)
    - 外设
      - 输入设备——键盘、鼠标、扫描仪、麦克风等
      - 输出设备——显示器、打印机、音箱等
      - 外存——硬盘、光盘、移动存储器等
  - 软件系统
    - 系统软件
      - 操作系统
      - 编译程序和解释程序
      - 数据库管理系统
    - 应用软件
      - 编程软件
      - 办公软件
      - 设计软件

图 4.1 计算机系统结构

个人计算机（PC）是指在大小、性能以及价位等多个方面适合于个人使用，并由最终用户直接操控的计算机。

根据微处理器的字长和功能，个人计算机硬件发展经历了以下几个阶段：

① 第一阶段（1971 年—1973 年）是 4 位和 8 位低档微处理器时代，通常称为第一代，典型产品是 Intel 公司的 4004（如图 4.2 所示）和 8008 微处理器以及分别由它们组成的 MCS-4 和 MCS-8 个人计算机。第一代个人计算机的基本特点是采用 PMOS 工艺，集成度低，系统结构和指令系统都比较简单，主要采用机器语言或简单的汇编语言，指令数目较少，常用于简单的控制场合。

图 4.2 Intel 4004 微处理器

② 第二阶段（1974 年—1977 年）是 8 位中高档微处理器时代，通常称为第二代，典型产品是 Intel 公司的 8080/8085，Motorola 公司的 MC6800，Zilog 公司的 Z80 等。第二代个人计算机的特点是采用 NMOS 工艺，指令系统比较完善，具有典型的计算机体系结构和中断、DMA 等控制功能。

③ 第三阶段（1978 年—1984 年）是 16 位微处理器时代，通常称为第三代，典型产品是 Intel 公司的 8086/8088、80286，Motorola 公司的 M68000，Zilog 公司的 Z8000 等。第三代个人计算机的特点是采用 HMOS 工艺，集成度和运算速度都比第二代提高了一个数量级，指令系统更加丰富、完善，并配置了软件系统。

④ 第四阶段（1985 年—1992 年）是 32 位微处理器时代，通常称为第四代，典型产品是 Intel 公司的 80386/80486，Motorola 公司的 M68030/68040 等。第四代个人计算机的特点是采用 HMOS 或 CMOS 工艺，集成度高，具有 32 位地址线和 32 位数据总线，可以胜任多任务、

多用户的作业。

⑤ 第五阶段（1993 年—2005 年）是奔腾系列微处理器时代，通常称为第五代。初期典型产品是 Intel 公司的奔腾系列微处理器及与之兼容的 AMD 公司的 K6 系列微处理器，内部采用了超标量指令流水线结构，并具有相互独立的指令和数据高速缓存。奔腾 4 微处理器如图 4.3 所示。

图 4.3　奔腾 4 微处理器

2005 年，Intel 公司推出了双核心的奔腾微处理器。

⑥ 第 6 阶段（2006 年至今）是酷睿系列微处理器时代，通常称为第 6 代。2006 年，Intel 公司推出的新一代基于 Core 微架构的产品体系统称为酷睿。2010 年，Intel 公司发布第二代酷睿微处理器，基于全新的 Sandy Bridge 微架构。2012 年，Intel 公司发布了 IVB 微处理器，性能有了进一步飞跃。

2. 个人计算机系统软件的发展

个人计算机软件系统是为了更好地利用计算机而编写的程序及文档，包括系统软件和应用软件两大类。日常使用计算机主要是使用计算机系统软件，应用软件种类繁多、功能多样，能够完成很多工作，但应用软件的操作都要基于系统软件，系统软件还可以配置计算机硬件，因此系统软件是操作计算机的基础。操作系统是最重要的系统软件，这里主要介绍操作系统。

操作系统是对计算机资源进行管理和控制的一组系统化程序，随着计算机硬件技术的发展，个人计算机操作系统经历了从简单到复杂的发展过程。从磁盘操作系统的命令式操作到图形界面操作，从单任务到多任务，从单用户到多用户及网络操作，其中最具有代表性的操作系统有 DOS、Windows、UNIX、Linux、MAC OS 等。

（1）DOS

DOS（Disk Operating System，磁盘操作系统）是早期的文字界面操作系统，可以直接管理和操作硬盘的文件。MS-DOS 是微软公司推出的个人计算机 DOS 操作系统，在 IBM PC 兼容机市场中占有举足轻重的地位。从 1981 年 MS-DOS 1.0 直到 1995 年 MS-DOS 7.1，包括最著名的 MS-DOS 6.22，微软公司几乎占据了个人计算机 DOS 操作系统的所有市场份额。即使在 1995 年以后其不再发布新的版本，但 Windows 操作系统中依然存在 MS-DOS 的核心，直到纯 32 位版本的 Windows 系统发布。

（2）Windows

Windows 1.0 是微软公司发布的第一个对个人计算机操作平台的图形界面操作系统，于 1985 年发行。随后微软公司于 1987 年发行了 Windows 2.0，于 1990 年发行了 Windows 3.0。

1995 年，微软公司发行了 Windows 95，它更强大、更稳定、更实用。1998 年发行的 Windows 98是混合 16 位与 32 位操作系统。

2001 年发布的 Windows XP 基于 NT 架构，彻底丧失了对基于 DOS 程序的支持，把很多以前由第三方提供的软件都整合到操作系统中，包括防火墙、媒体播放器、即时通信软件以及与网络服务的紧密结合。随着云计算、移动、社交、大数据等新兴信息技术的快速发展，Windows XP 已经很难满足用户的需求，也不足以应对当前的网络安全威胁。2014 年，微软公司宣布完全停止对 Windows XP 提供补丁和安全更新。

2009 年，微软公司推出 Windows 7，包括简易版、家庭普通版、家庭高级版、专业版、企业版、旗舰版等众多版本，针对不同市场需求，提供多种功能。

2012 年，微软公司推出 Windows 8 操作系统，其首界面如图 4.4 所示。Windows 8 支持来自 Intel、AMD 和 ARM 的芯片架构，被广泛应用于个人计算机上，尤其是移动触控电子设备。

图 4.4 Windows 8 操作系统首界面

2014 年，微软公司开始推出 Windows 10 操作系统。

（3）UNIX

UNIX 操作系统是一个强大的多用户、多任务操作系统，支持多种处理器架构，属于分时操作系统。UNIX 的系统结构可分为三部分：操作系统内核（是 UNIX 系统核心管理和控制中心，在系统启动或常驻内存），系统调用（供程序开发者开发应用程序时调用系统组件，包括进程管理、文件管理、设备状态等），应用程序（包括各种开发工具、编译器、网络通信处理程序等，所有应用程序都在 Shell 的管理和控制下为用户服务）。UNIX 操作系统用户界面简洁、高效，具有良好的安全性、保密性和可维护性。UNIX 操作系统是商业版，需要收费，不过也有免费版，如 NetBSD 等类 UNIX 版本。

Linux 操作系统是 UNIX 操作系统的一种克隆系统，它继承了 UNIX 以网络为核心的设计思想，能运行主要的 UNIX 工具软件、应用程序和网络协议，可免费使用和自由传播。Linux 操作系统于 1991 年推出，支持 32 位和 64 位硬件，是性能稳定的多用户网络操作系统。Linux 操作系统可以运行在多种硬件平台上，也可以作为嵌入式操作系统，运行在掌上电脑、机顶盒或游戏机上。借助于 Internet 的发展，并在世界各地计算机爱好者的共同努力下，Linux 操作系统已经成为使用最广泛的一种 UNIX 类操作系统。

（4）MAC OS

MAC OS 操作系统是苹果公司系列计算机的专用操作系统，一般情况下普通个人计算机无法安装使用。苹果公司不但生产 MAC 的大部分硬件，连 MAC 所用的操作系统也是自行开发且独有的。MAC OS 操作系统诞生于 1984 年，2011 年 MAC OS X 正式更名为 OS X（如图 4.5 所示），2014 年最新版本为 OS X 10. 10。

图 4.5　OS X 操作系统界面

二、常用的计算机类型

传统领域的计算机一般按机器字长来分类，包括 4 位机、8 位机、16 位机、32 位机和 64 位机等。

随着计算机在非传统领域应用得越来越广泛，个人计算机一般包括台式机、一体机、笔记本电脑、掌上电脑和平板电脑等。

1. 台式机

台式机也称桌面机（如图 4.6 所示），体积相对较大，价格便宜，主要部件如主机、显示器、键盘、鼠标等设备都是相对独立的，一般需要放置在电脑桌或者专

图 4.6　台式机

门的工作台上。主机箱空间大，通风条件好，防尘、防水性能较好。

2. 一体机

一体机也称屏式计算机（如4.7所示），它的芯片、主板与显示器集成在一起，只要将键盘和鼠标连接到显示器上，就能使用。随着无线技术的发展，一体机的键盘、鼠标与显示器还可实现无线连接，进一步减少了线缆（只有电源线），从而节省了占用空间。有的一体机还兼具电视接收功能、AV功能（视频输出功能）、触控功能等。

3. 笔记本电脑

笔记本电脑也称手提电脑或膝上型电脑（如图4.8所示），是一种小型、可携带的个人计算机，质量较小，操作上与台式机和一体机相似。随着网络需求的不断增强，又发展出更小型化的上网本（上网专用型笔记本电脑），可以更加方便地浏览网页、收发邮件、即时通信、播放流媒体，适合出差、旅游以及在公共交通工具上使用。

图4.7 一体机

图4.8 笔记本电脑

4. 掌上电脑（PDA）

掌上电脑（如图4.9所示）在体积、功能和硬件配备方面比笔记本电脑简单轻便，除了用来管理个人信息外，还可以实现网络连接、处理信息。掌上电脑一般运行在嵌入式操作系统和内嵌式应用软件，是一种小巧、轻便、易带、实用、价廉的手持式设备。在掌上电脑基础上加上手机功能，就成了智能手机（Smartphone）。

5. 平板电脑（Tablet）

平板电脑（如图4.10所示）的组成及功能与笔记本电脑基本相同，但它利用触笔或手指在屏幕上输入信息，而不使用键盘和鼠标，因此其便携性比笔记本电脑好，但功能没有笔记本电脑强。

随着信息技术和设备的发展和完善，各种类型计算机的边界不再清晰，越来越多的综合性新产品不断出现，以满足人们对信息获取、处理和发送的新需求。

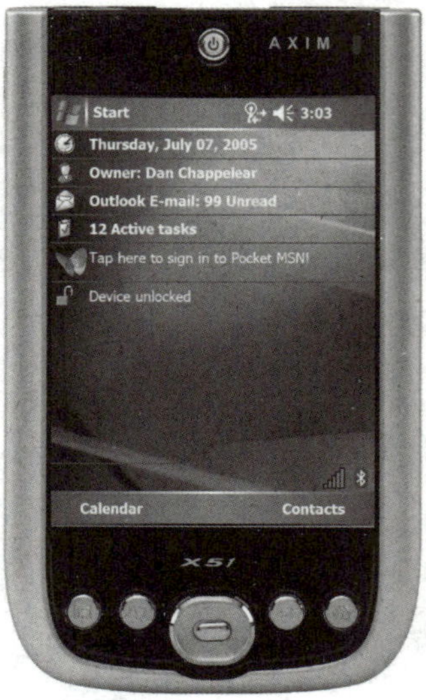

图 4.9 掌上电脑

图 4.10 平板电脑

三、个人计算机的组成

这里以比较典型的台式机为例介绍个人计算机的组成。台式机主要由主机、显示器以及外围的鼠标、键盘、音箱等组成，如图 4.11 所示。主机主要由主板、CPU、内存、光盘驱动器、硬盘驱动器及电源等组成，主机的组件都封装在主机箱内，是完成计算机功能的主要部件。

图 4.11 台式机的组成

1. 电源

电源（如图 4.12 所示）是计算机不可缺少的供电设备，它的作用是将 220V 交流电转换为计算机使用的 5V、12V、3.3V 直流电，其性能的好坏直接影响到其他设备工作的稳定性，进而会影响整机的稳定性。

2. 主板

主板（如图 4.13 所示）是计算机各个部件工作的平台，它把主机的主要部件紧密连接在一起，各个部件通过主板进行数据传输，其工作的稳定性影响着整机工作的稳定性。

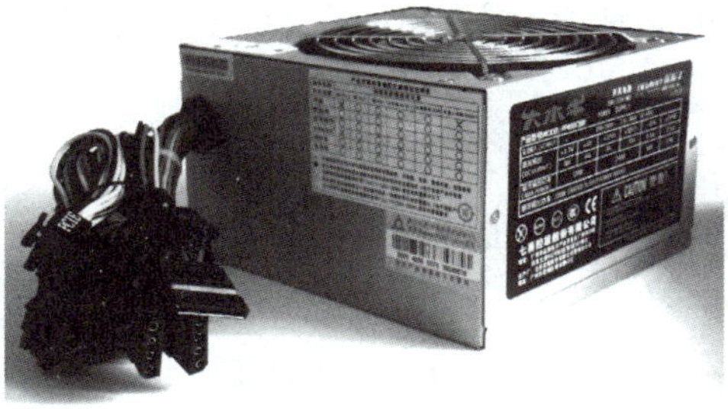

图 4.12 电源

图 4.13 主板

3. CPU

CPU（Central Processing Unit，中央处理器）是计算机运算和控制的核心，其功能主要是处理计算机指令以及相关数据。CPU 是决定计算机性能的关键部件，也是整个系统最高的执行单元。

4. 内存

内存（如图 4.14 所示）是计算机的内部存储器，特点是体积小、速度快，内存的容量和质量在一定程度上影响计算机的运行速度和可靠性。

5. 硬盘

硬盘（如图 4.15 所示）属于外部存储器，容量比较大，目前大容量硬盘已达 TB 级，尺寸有 3.5 英寸、2.5 英寸、1.8 英寸、1.0 英寸等，接口有 IDE、SATA、SCSI 等类型，以 SATA 最普遍。

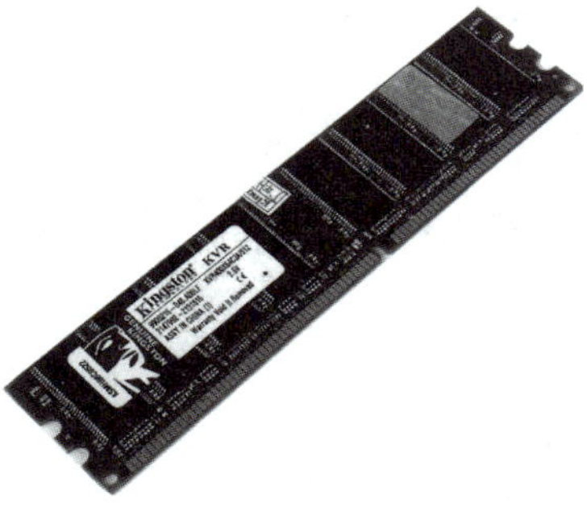

图 4.14 内存

图 4.15 硬盘

6. 声卡

声卡是组成多媒体计算机必不可少的硬件设备，其作用是将声音信号输入和输出计算机，越来越多的个人计算机采用集成声卡（集成在主板上）。

7. 显卡

显卡（如图 4.16 所示）是与显示器配合输出图形、文字等信息，是“人机交互”的重要设备之一，是进行图形图像处理、平面设计、动漫设计等相关工作要重点考虑的部件。某些通用型个人计算机已经把显卡集成到主板上。

8. 网卡

网卡是计算机与网络之间的桥梁，相当多的个人计算机也把网卡集成到主板上。

9. 光盘驱动器

光盘驱动器（如图 4.17 所示）用来读写光盘，可分为 CD-ROM 驱动器、DVD-ROM 光驱和刻录光驱等。随着移动存储设备的发展，便携式个人计算机（掌上电脑、平板电脑、上网本等）已经不把光盘驱动器作为标准配置。

图 4.16　显卡

图 4.17　光盘驱动器

10. 显示器

显示器是个人计算机不可缺少的显示输出设备，分为 CRT、LCD、LED 三大类，LCD 显示器（即液晶显示器）已经成为个人计算机显示器的主流配置，常见接口有 VGA（模拟）、DVI（数字）、HDMI（高清一线通）三类。便携式个人计算机将显示器与触摸屏融合，成为输入和输出设备。

11. 键盘

通过键盘可以将字母、数字、符号等信息输入到计算机中，从而向计算机发出命令、输入数据等，接口有 PS/2、USB 以及无线等类型。

12. 鼠标

鼠标是图形化操作系统的标准配置，取代了许多键盘的繁琐操作，接口也有 PS/2、USB 以及无线等类型。

13. 移动存储器

移动存储器种类繁多，主要分为闪存盘（也称为优盘）、移动存储卡、移动硬盘等，如图 4.18 所示。移动存储器的主要特点是体积小、连接和携带方便、容量大。闪存盘和移动硬盘主要采用 USB 接口，支持热插拔，后者体积稍大但容量也更大。移动存储卡外形类似卡片，因此体积更小，可应用在数码相机、掌上电脑、手机、MP3、MP4 等小型数码产品中，也可以通过读卡器等设备与个人计算机连接。目前，移动存储卡主要包括 Smart Media（SM 卡）、Compact Flash（CF 卡）、Multi Media Card（MMC 卡）、Secure Digital（SD 卡）、Memory Stick（记忆棒）、TF 卡等多种类型，主要应用于不同厂商的不同产品中。

(a) 闪存盘

(b) 移动存储卡

(c) 移动硬盘

图 4.18 移动存储器

四、使用 Windows 7 操作系统

操作系统是使用计算机各种软件的基础，这里主要介绍目前比较流行的个人计算机操作系统——Windows 7 的使用方法。

1. Windows 7 的启动和退出

（1）Windows 7 的启动

安装好 Windows 7 后，打开主机电源，系统自检后进入 Windows 7 用户登录界面，用户需要选择账户并输入正确的密码，才能登录到桌面。如果只有一个账户，并且该账户没有设置密码，则开机后会自动登录到桌面。

（2）Windows 7 的退出

在 Windows 系统桌面上，单击“开始”→“关机”菜单项，用户可以根据不同的需要选择不同的退出方法，如关机、睡眠、锁定、注销和切换用户等，如图 4.19 所示。

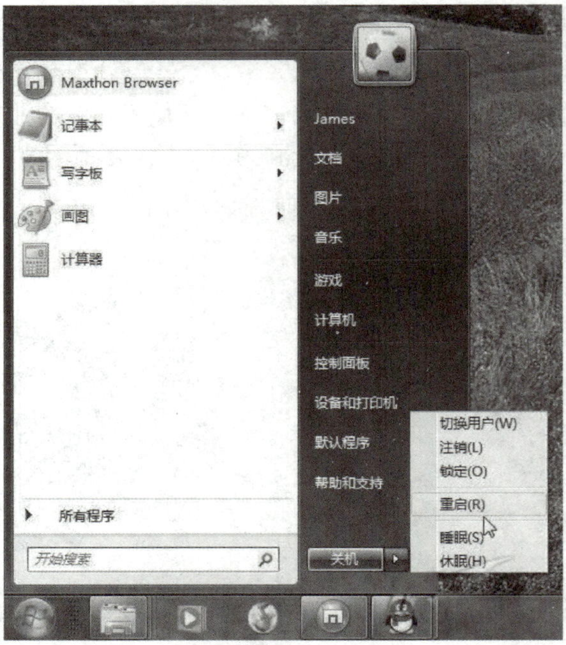

图 4.19 Windows 7 的退出

2. Windows 7 的桌面组成与操作

桌面是用户启动 Windows 7 之后见到的主屏幕区域，也是用户执行各种操作的区域。桌面包括开始按钮、任务栏、桌面图标和桌面背景等组成部分，如图 4.20 所示。

图 4.20 Windows 7 的桌面组成

（1）“开始”按钮

单击“开始”按钮可以打开“开始”菜单，“开始”菜单主要由常用程序列表、所有程序列表、用户头像、搜索框和“关机”按钮等组成，如图 4.21 所示。用户也可通过自定义的方式更改“开始”菜单中显示的内容。

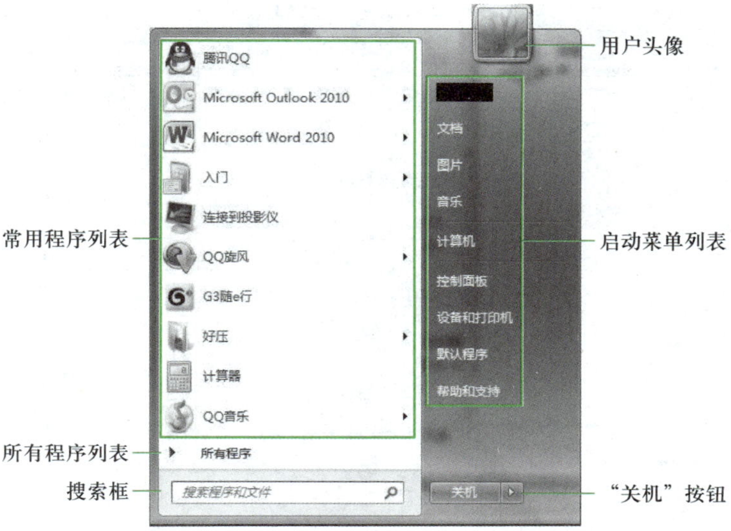

图 4.21 “开始”菜单

（2）任务栏

桌面下方的任务栏包括“开始”按钮、快速启动栏、当前打开的应用程序、空白区域、语言栏和时间及常驻内存的应用程序区等几部分组成，如图 4.22 所示。

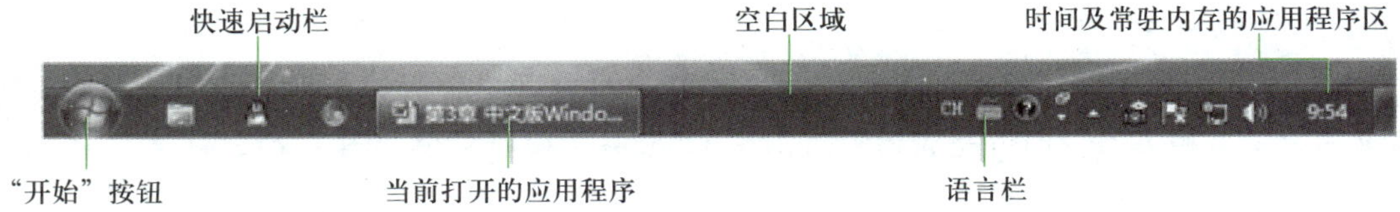

图 4.22 任务栏的组成

若用户需要返回桌面，只需单击任务栏的右侧矩形的“显示桌面”按钮，即可快速返回桌面，如图 4.23 所示。

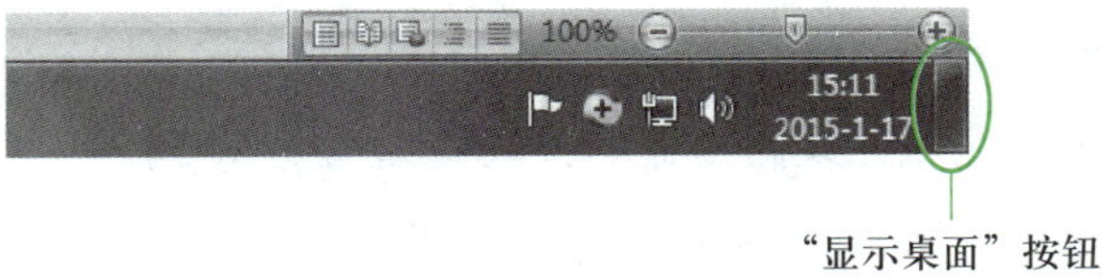

图 4.23 “显示桌面”按钮

3. Windows 7 的窗口

窗口是 Windows 7 操作系统的重要组成部分，很多操作都是通过窗口来完成的，用户可以在窗口中对文件、文件夹或者某个程序进行操作。不同窗口的内容有所不同，但组成部分基本相同，如图 4.24 所示。

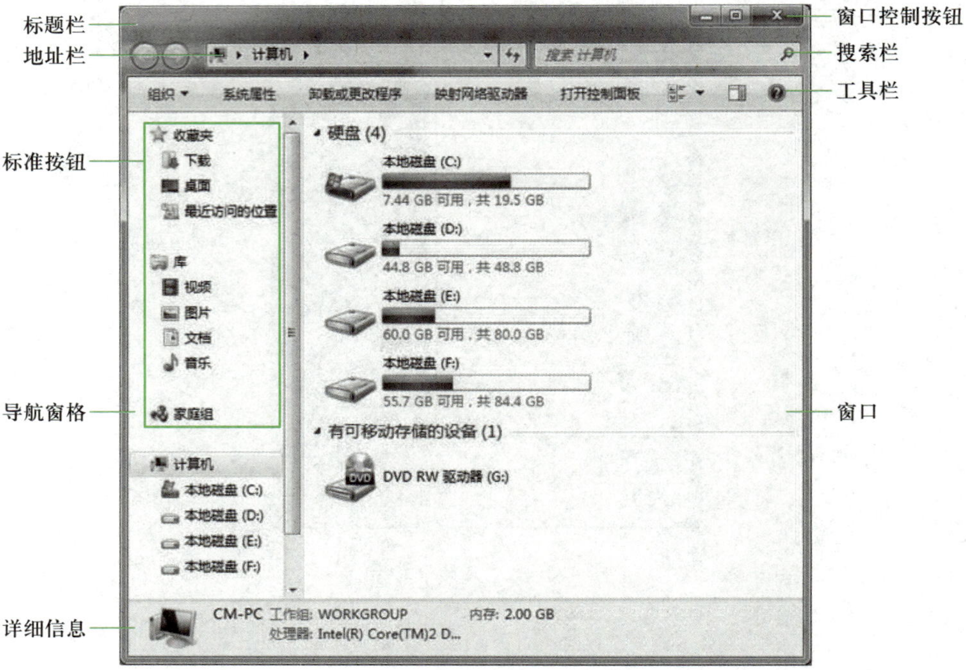

图 4.24 Windows 7 的窗口

4. Windows 7 的菜单

Windows 7 的很多操作命令在菜单中，菜单分为窗口菜单、快捷菜单等，组成基本相同，打开菜单后单击相关命令即可完成相关操作。Windows 7 窗口菜单如图 4.25 所示。

五、个人计算机接入 Internet

随着网络的普及，接入 Internet 已经成为个人计算机必需的配置。个人计算机接入 Internet 的方法很多，目前比较流行的方式是通过无线路由器接入 Internet，采用这种方式设备简单、价格低，接线简易，并且可以实现无线共享上网，使相对独立的单元内（如一个家庭、一间办公室）众多个人计算机能够同时接入 Internet，无线上网更能突出目前使用越来越多的移动设备的优势。通过无线路由器接入 Internet 的步骤如下：

第一步，按照接线要求完成无线路由器的接线，如图 4.26 所示。

第二步，在联网的个人计算机的浏览器地址栏中输入：192.168.1.1（或 192.168.0.1），按 Enter 键。

第三步，在弹出的对话框中输入用户名和密码，如图 4.27 所示，默认的用户名和密码都

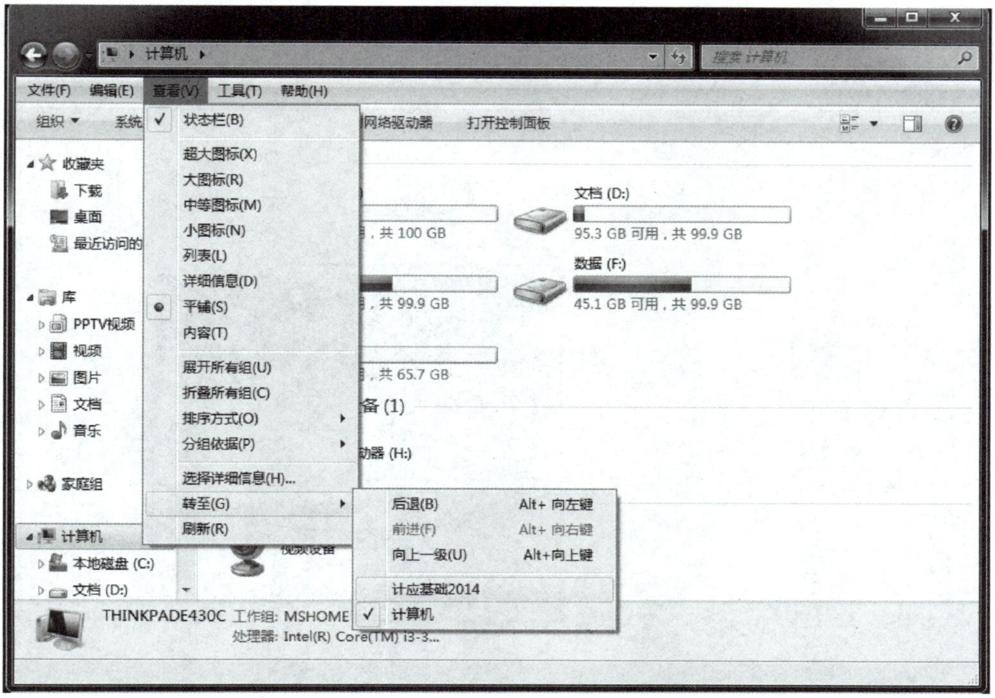

图 4.25　Windows 7 窗口菜单

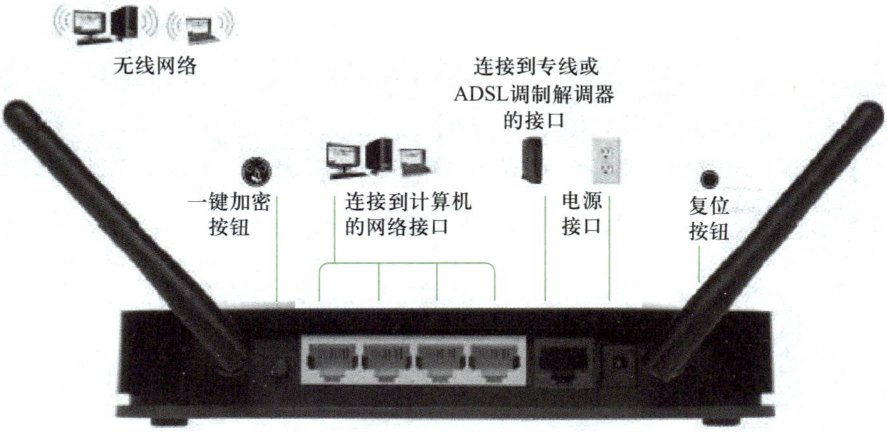

图 4.26　无线路由器接线要求

是 admin（通常在路由器说明书上会说明）。输入后按 Enter 键，即可进入路由器配置界面。

第四步，在路由器配置界面中选择“设置向导”，单击“下一步”按钮，如图 4.28 所示，进入路由器相关参数设定。

第五步，在上网方式中选择 ADSL 虚拟拨号（通常电信、铁通、网通等宽带用户都应选

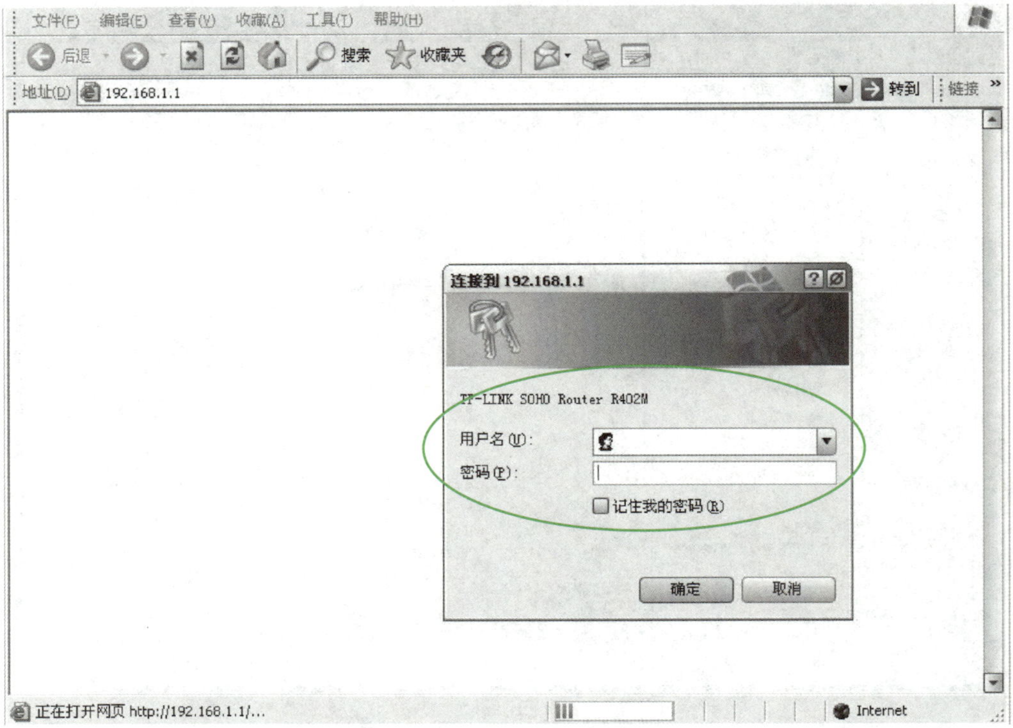

图 4.27　输入用户名和密码

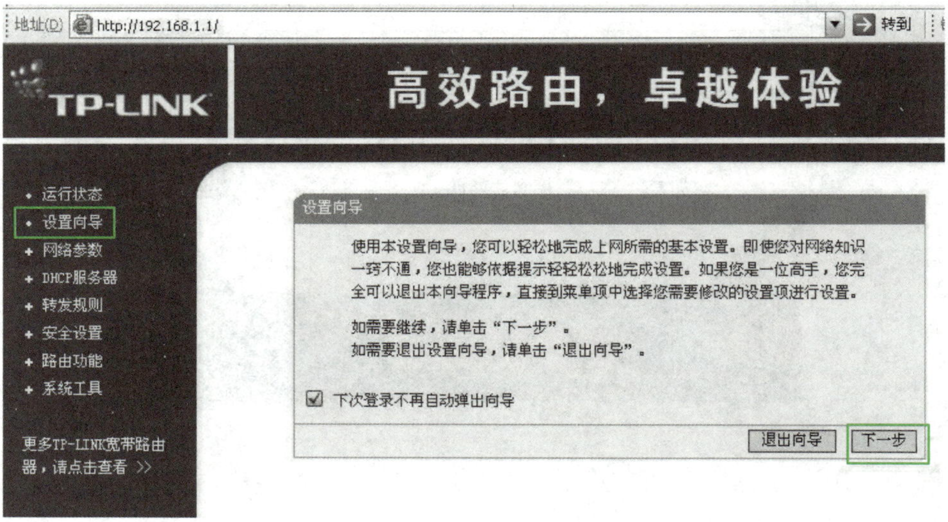

图 4.28　路由器配置界面

择此上网方式），在弹出的对话框相应位置输入宽带运营商提供的上网账号和上网口令。

第六步，设置完成后弹出完成对话框，单击“完成”按钮完成设置，如图 4.29 所示。

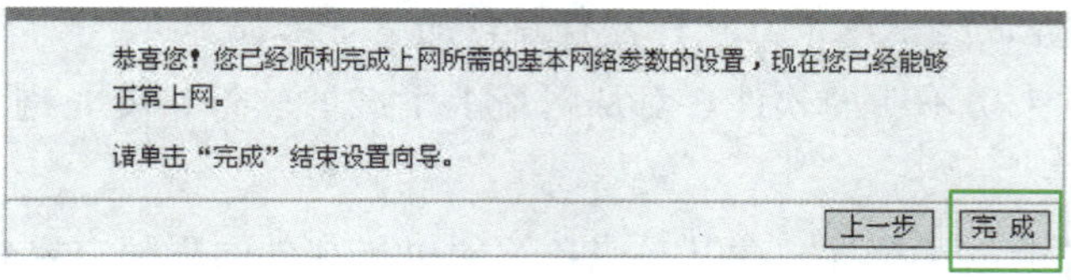

图 4.29 完成设置

第七步，在路由器配置界面单击“系统工具”→“重启路由器”，如图 4.30 所示，完成路由器的重启后即可接入 Internet。

六、个人计算机的日常维护

1. 个人计算机环境要求

① 温度要求：5～35℃，尽可能远离热源。

② 湿度要求：相对湿度范围 30%～80%，相对湿度太高会影响配件的性能发挥，甚至引起短路；太低则易产生静电。

③ 环境清洁：灰尘侵入机箱内部，经过长期的积累后，容易引起数据读写错误，严重时还会引起短路，所以应尽量保持环境清洁，并定期做个人计算机的清洁工作。

④ 远离电磁干扰：电磁干扰可能造成硬盘的数据损失，甚至显示器可能出现花斑、抖动等故障。日常的电磁干扰源主要有音响设备、电动机、变压器以及日光灯镇流器等。

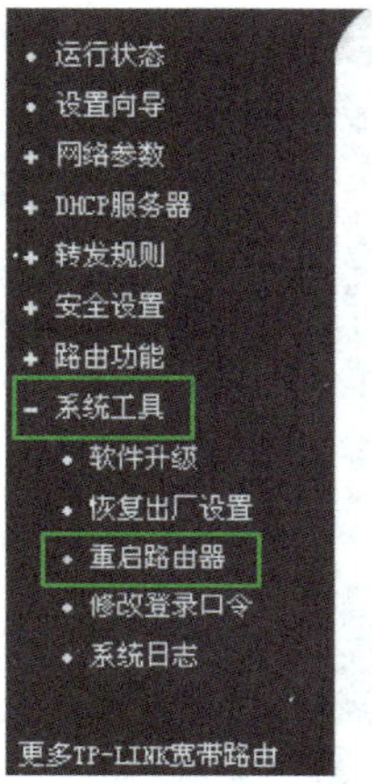

图 4.30 重启路由器

2. 个人计算机使用要求

① 正常开关机。开机的顺序是先打开外设（如显示器、打印机、扫描仪等）的电源，后打开主机的电源；关机的顺序则相反，先关闭主机的电源，再关闭外设的电源。

② 不要频繁地开关机。每次关、开机之间的时间间隔应不小于 30s。

③ 除了支持热插拔的 USB 设备外，其他部件应在关机状态下装卸。

④ 个人计算机在正常工作时，不应剧烈振动，以免造成硬盘表面划伤、光驱和光盘损坏以及其他意外情况发生。

3. 个人计算机的安全与病毒防护

计算机病毒的危害越来越广泛，种类也越来越多。避免计算机病毒破坏的最好方法是预防为主。首先，使用者要树立计算机安全意识以及对病毒的警惕性。其次，要做好计算机安全的技术准备，如安装好防病毒软件、防火墙等。最后，要做好日常计算机安全维护工作，主要应注意以下几点：

① 及时为系统漏洞打补丁。

② 不使用来历不明的优盘或光盘，一定要使用时，最好先用杀毒软件进行检查、杀毒。

③ 随时注意个人计算机的各种异常现象，一旦发现，应立即用杀毒软件仔细检查。杀毒

软件应定期升级，并养成经常用杀毒软件检查硬盘的良好习惯。

④ 不使用盗版或来历不明的软件。对从网络上下载的软件，要先进行必要的检查和杀毒后再安装使用。

⑤ 谨慎处理收到的电子邮件，尤其是来历不明电子邮件的附件，要确保没有危害再打开。

⑥ 经常对重要的数据进行备份，建立系统应急计划，防止系统崩溃数据无法恢复。

七、个人计算机常见故障处理

个人计算机故障一般可分为硬件故障和软件故障。硬件故障常表现为：主机无法启动，显示器无显示等。软件故障常表现为：软件无法启动，软件运行不正常等。但是，有一些故障现象（如死机）无法迅速判断为硬件故障或者软件故障，需要综合检查判断。个人计算机故障处理的基本原则为：先软后硬（先检查软件，再检查硬件），先外后内（先检查外设，再检查主机内部）。在日常使用中，对于软件故障可以采用重新启动软件、卸载重新安装软件以及重新启动计算机等方法处理，并且不要同时启动过多软件，经常整理、备份文件；对于硬件故障，可以重点检查相关接线、插头是否正常，不要经常打开主机插拔、更换部件，如果有需要可以请专业人员操作。

4.3 打印机的使用与维护

应知应会：

1. 了解常见打印机的种类和技术指标。
2. 能够对打印机进行正确使用和维护。
3. 能够对打印机的常见故障进行分析与故障处理。

打印机在办公自动化应用中占据着十分重要的地位，随着办公自动化水平的提高，打印机的使用也越来越普遍。打印机是计算机系统最基本的输出设备，大体可分为击打式和非击打式打印机两类。个人计算机上常用的击打式打印机为针式打印机。非击打式打印机是利用各种物理或化学的方法印刷字符，常见的有喷墨打印机和激光打印机。打印机外形如图 4. 31 所示。

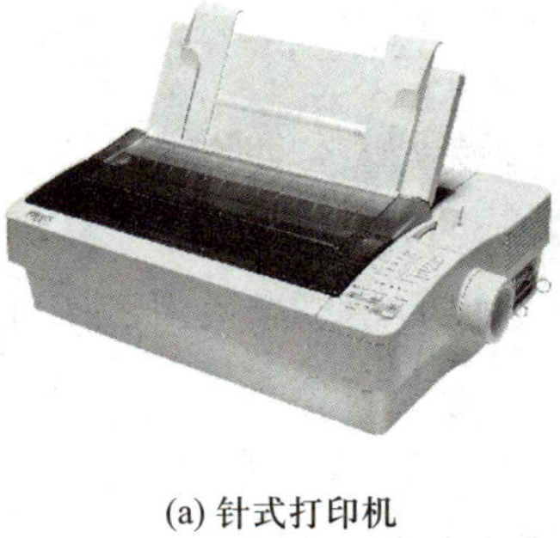

(a) 针式打印机

(b) 喷墨打印机

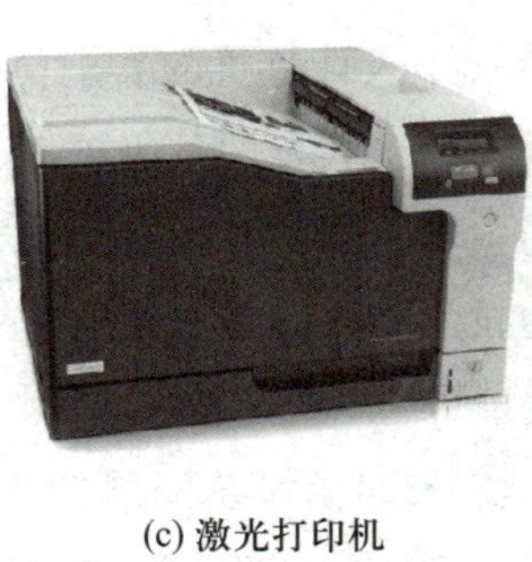

(c) 激光打印机

图 4. 31 打印机外形

一、打印机的种类

1. 针式打印机

针式打印机以其便宜、耐用、可打印多种类型纸张等原因，普遍应用于多种领域。常用的 EPSON LQ-1600K、STAR CR-3240 等属于宽行针式打印机；EPSON LQ-100、NEC-P2000 则属于窄行针式打印机。

针式打印机的工作原理是在打印机接收到计算机传送来的打印信息后，从字库中找到字符或图形相符的编码，然后驱动打印头，以打印头的出针来打印，打印头上一般有 24 根针，通过出针击打色带上的色彩，将其印在纸上。

针式打印机的打印效果一般，而且噪音较大，所以在普通家庭及一般办公应用中已逐渐被喷墨和激光打印机所取代。

2. 喷墨打印机

喷墨打印机的价格也较便宜，而且它打印时噪音较小，打印的图形质量较高，成为当前中低价位打印机的主流。

喷墨打印机基本上由机械和电气两部分组成。机械部分主要由喷头和墨盒、清洁机构、字车和走纸部分组成。喷头和墨盒的结构大致分为两类，一类是喷头和墨盒做在一起，墨盒上既有墨水又有喷头，墨盒本身为消耗品，当墨水用完后，需更换整个墨盒，所以耗材成本较高，HP 产品多采用该类墨盒；另一类是喷头和墨盒分开，当墨水用完后仅需更换墨盒，耗材成本较低，EPSON 产品多采用该类墨盒。

喷墨打印机按照工作方式分为液态喷墨式和固态喷墨式两类，液态喷墨式按照墨滴形成方式的不同又分为气泡式和液体压电式，前者是通过加热喷嘴，使墨水产生气泡，喷到打印介质上，形成文字和图像；后者是在强电场作用下，墨水通过细窄的喷嘴高速喷出，在纸上形成文字和图像。固态喷墨式在打印时，将固态墨加热液化后喷射到纸上，在纸上形成文字和图像。

喷墨打印机的主要性能指标有：

① 打印质量。衡量打印质量最重要的指标是分辨率，单位为 dpi（dot per inch），dpi 是指每英寸可打印的点数。分辨率值越高，打印输出的效果越精细，相应的输出时间也就越长。

② 打印速度。打印速度用每分钟打印多少页纸来衡量。

③ 色彩数目。目前市场有三色、四色、六色三种打印机。

④ 整机价格及打印成本。打印成本主要包括墨盒和打印纸。

喷墨打印机主要优点如下：

① 高分辨率，可高达 1 200 dpi，甚至更高。

② 工作噪声较低。

③ 印字机构的可动部件少，可靠性高。

④ 打印速度较快。

⑤ 运行功耗低。

⑥ 容易实现质量较高的彩色打印。

⑦ 打印头无磨损或很少出现磨损现象。

⑧ 设备体积小，占用空间较小。

喷墨打印机也存在一些缺点：

① 喷墨印字技术同其他非击打式印字技术一样，不具备复制能力。

② 打印质量与打印速度、墨质、纸张关系密切。

③ 耗材（主要指墨盒）成本高，近年来随着连供技术的出现，成本也在逐年下降。

3. 激光打印机

激光打印机指采用来自激光器的非常精确的激光束，将其照射到光电导体鼓上，然后通过用墨粉涂复鼓而显影的打印机。激光打印机的分辨率很高，有的能达到600 dpi以上，打印效果精美细致，但其价格较高，所以常用于激光照排系统以及办公室应用。

激光打印机的特点是印字速度快，印字时没有击打动作，噪音低，印出的文字及图像非常清晰。

激光打印机的主要性能指标有：

① 打印质量。激光打印机打印不同对象所表现出来的效果。

② 打印速度。激光打印机的打印速度以每分钟的打印页数计算（ppm）。

③ 可靠性。激光打印机可靠性可以用打印负荷来衡量，这个指标以每月多少页为衡量单位。

④ 网络性能。主要包括网络打印速度、对各种网络的支持情况、打印机在网络上的安装难易程度及打印机的网络管理功能。

在针式、喷墨、激光打印机中，激光打印机的效果最好，喷墨打印机其次，而且这两种打印机的噪音都很小，针式打印机的噪音相对较大，但它可以打多层纸，而且便于小型化，打印机本身和消耗材料都相对较便宜。

4. 热升华打印机

从成像原理上讲：喷墨打印机对色彩的表现是通过对墨滴的有无及多少的准确控制来实现的，每个墨滴的色彩浓淡不可能像传统照片成像那样细腻。此外，受到墨水质量、打印介质的质量、保存环境的影响，喷墨打印的色彩表现力与传统扩印相比仍有一定的差距。

热升华打印机的工作原理是将四种颜色——青色、品红色、黄色和黑色（简称CMYK）的固体颜料（称为色卷）设置在一个转鼓上，这个转鼓上面安装有数以万计的半导体加热元件，当这些加热元件的温度升高到一定程度时，就可以将固体颜料直接转化为气态（固态不经过液化就变成气态的过程称为升华，因此这种打印机称为热升华打印机），然后将气体喷射到打印介质上，凝华过程施加到纸张上形成的。

与喷墨打印机和彩色激光打印机相比，热升华打印机优势主要体现在：

① 在色彩的表现力上，热升华打印机要比喷墨打印机好得多，热升华打印机300 dpi的精

度相当于喷墨打印机 4 800 dpi 的效果。同时其每种颜色的浓淡均由打印头的温度控制，可以有 256 级梯度，颜料又是通过升华过程气相施加到纸张上的，三种基色相互融合可以形成连续的色阶，因此单就打印效果而言，热升华打印机打印出图像的色彩逼真度和还原性相比喷墨打印机略胜一筹，可以说是数码相机的最佳拍档。

② 镀膜功能是热升华打印机独有的功能。由于热升华打印机主要是用于输出照片，而将照片镀膜之后，其整体的色彩感觉将会更加的明亮鲜艳，而且还具有了防水、防指纹、抗氧化的功能，在保存方面要比传统的喷墨打印机打印出来的照片要长久一些。

二、打印机的使用与维护

1. 打印机外形与控制面板

(1) 常用打印机外形及各部分功能如图 4.32 所示。

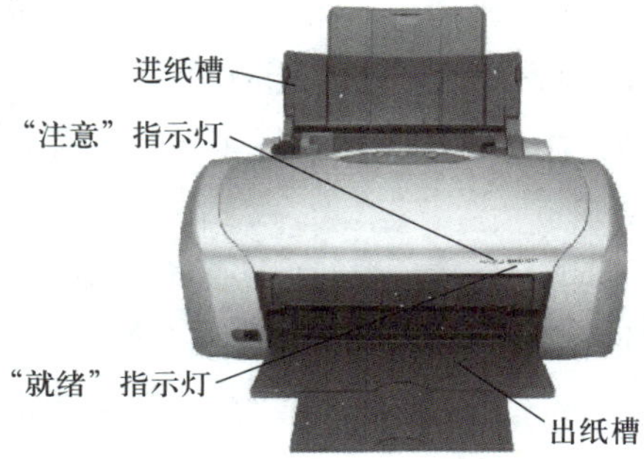

(a) 打印机正面

(b) 打印机背面

图 4.32 常用打印机外形

(2) 打印机控制面板由"注意"指示灯和"就绪"指示灯组成，用于确定打印机的状态。"注意"指示灯表明存在打印机进纸盘已空、打印碳粉盒端盖打开或没有打印碳粉盒等错误；"就绪"指示灯表明打印机已经准备好打印。

2. 打印机的连接

目前，打印机支持多种接口，如并行接口、USB 接口、网络接口等，如图 4.33 所示。

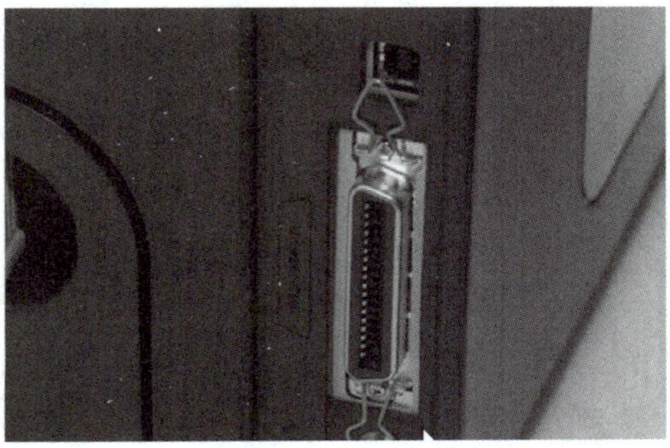

(a) 并行接口和 USB 接口

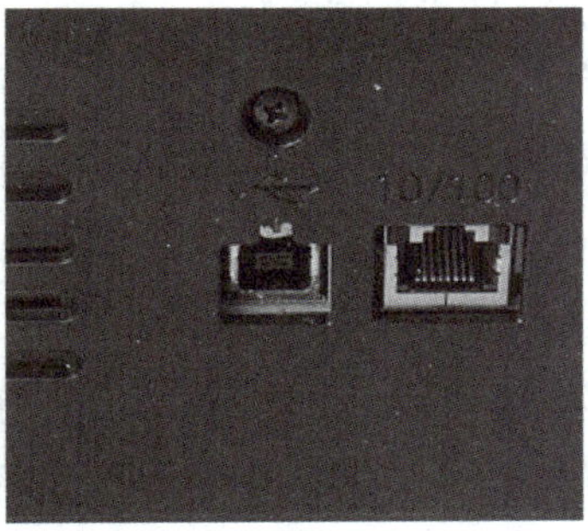

(b) USB 接口和网络接口

图 4.33 打印机的接口

这里以 USB 接口为例，先将 USB 电缆插入打印机，然后在软件安装过程中，根据系统提示将 USB 电缆的另一端插入计算机。

3. 打印机的安装

在 Windows 7 中打印机的安装过程几乎是全自动的，对 USB 端口打印机，插好 USB 连接线，打开打印机电源，会自动提示安装驱动程序，只要在提示下插入打印机驱动程序光盘即可。对非 USB 接口打印机，可以使用“添加打印机”向导。删除打印机就像删除一个文件或文件夹那样。

4. 打印机的使用

（1）管理打印任务

在“控制面板”里打开“打印机”对话框，在“打印机”对话框中选择正在使用的打印机。在“文件”菜单中执行“打开”命令即显示当前的打印机窗口。在该窗口中可查看打印列表：在窗口的标题栏显示有当前打印机的名字；如果显示了状态栏，其上将显示打印队列中的作业个数；在该窗口的中部区域显示有当前打印队列情况，对每个打印任务，都显示其文档名、状态（正在打印、脱机、暂停、需要用户干预等）、所有者（即打印任务所有者的注册名字）、进度（已打印页数/总页数）、打印开始时间。

暂停打印作业：在“打印机”菜单中执行“暂停打印”命令，则暂停当前打印任务。

恢复暂停的打印作业：暂停的打印任务可通过再次单击“暂停打印”命令来恢复。

取消打印作业：在打印队列中选择了打印任务后，执行“清除打印文档”命令即将当前的打印任务清除。

取消全部打印作业：在“打印机”菜单中执行“取消所有文档”命令，则将当前所有打印任务清除。

（2）从应用程序中打印

许多 Windows 应用程序都设有打印项，尤其是文本的应用程序，如 Word 等。下面以 Word 为例，说明如何从 Windows 应用程序中打印。

打开 Word 界面，选择“文件”菜单，在里面有“打印”“打印预览”项。

在打印前，选择“页面设置”，对页面大小、字体、页边距、是否分栏打印等进行设置，设置完毕即可打印。

（3）打印机的操作

打印机的面板上都有控制按钮用于打印机操作，如联机、进纸、退纸、微调等，通过打印机面板上的指示灯，能及时了解现在的打印情况，如缺纸、联机、正在打印等状态。

在装纸时应该注意：每次打印后，取出所有完成打印的纸张；加纸前，先取出所有的纸张对齐，加纸后，要调紧纸夹，并要使用辅助送纸器和辅助送出器。把纸张安好，打印机会自行处理其他打印工作。一般可以用托纸架传送单页纸或用卡纸轮传送穿孔纸，还可以用手动旋钮微调打印纸的位置（注意有些打印机在断电后，才可以方便地调节纸的位置）。

对于针式打印机，可以调整打印头与纸张的间距，从而适应打印纸的厚度，而且可以改变打印针的力度，以调节打印的清晰度，但注意色带用旧了要及时更换。

喷墨打印机的进纸方式及面板控制和针式打印机相似，但它是通过墨盒喷墨打印。喷墨打印机的墨盒用完了也要及时更换，但相对于针式打印机来说消耗较高。更换墨盒的方法比较简单。注意有些打印机需要在断电后更换墨盒，具体要参看说明书。彩色喷墨打印机除了有黑色墨盒外，还有彩色墨盒，较高档的打印机的两个墨盒是同时安装在打印机上的，而有些比较便宜的打印机的两个墨盒需要替换使用。喷墨打印机在安装了新的墨盒后，一般都需要清洗打印头才能正常打印，在打印机的面板上通常都会有一个“清洗”打印头的按钮，有一些打印机在更换了墨盒后会自动进行清洗。

激光打印机更趋于智能化，如 HP6L 打印机，它没有电源开关，平时自动处于关机状态，当有打印任务时自动激活。它有自己的内存和处理器，能单独处理打印任务，大大减轻了计算机的负担。激光打印机的操作很简单，所需的设置或操作很少，一般只要接上电源，用打印电缆线连接到计算机主机即可。

5. 打印机的维护

良好的使用习惯和日常维护不仅可以延长打印机的使用寿命，还可使打印机长期处于正常的工作状态下。

(1) 针式打印机的维护

① 打印机必须在干净、无尘的环境中使用，用后盖好罩布。工作台平稳，不要有振动。

② 不要用手指触摸打印针表面。在打印机使用了一段时间后，用无水酒精将打印头擦洗一下，以保证导向孔畅通无阻。

③ 定期用小刷和吸尘器清理机内的灰尘和纸屑，再用酒精擦洗干净。

④ 打印头的位置要根据纸张的厚薄进行调整，不要离得太近。

⑤ 如果发现色带有破损，一定要立即更换新的色带。不要使用破旧色带，否则有可能将打印针折断。

⑥ 若发现走纸和针头小车运行困难时，不要用手强行移动，要及时查出原因并处理，否则易损坏机械部件和电路。

(2) 喷墨打印机的维护

喷墨打印机的内部结构复杂，所以出现故障的可能性和操作时的注意事项也较多。喷墨打印机的维护主要是喷头、墨水和墨水盒的维护。

① 喷头的维护。喷墨打印机的喷头由很多细小的喷嘴组成，喷嘴的尺寸与灰尘颗粒差不多，如果灰尘、细小杂物等掉进喷嘴中，喷嘴就会被阻塞而喷不出墨水，同时也容易使喷嘴面板被墨水沾染。此外，若喷嘴内有气泡残存，也会发生墨水喷射不良的现象。

不要将喷头从主机上拆下并单独放置，尤其是在高温低湿状态下，如果长时间另置，墨水中所含的水分会逐渐蒸发，干涸的墨水将导致喷嘴阻塞。如果喷嘴已出现阻塞，应进行清洗操作。若清洗达不到目的，则更换新的喷头。

避免用手指和工具碰撞喷嘴面，以防止喷嘴面损伤或杂物、油质等阻塞喷嘴。不要向喷嘴部位吹气，不要将汗、油、药品（酒精）等沾染到喷嘴上，否则墨水的成分、黏度将发生变化，造成墨水凝固阻塞。不要用面纸、镜片纸、布等擦拭喷嘴表面。

最好不要在打印机处于打印过程中关闭电源。应先将打印机转到 OFF LINE 状态，当喷头被盖帽覆盖后方可关闭电源，最后拔下插头。否则对于某些型号的打印机，打印机无法执行盖帽操作，喷嘴暴露于空气中会导致墨水干涸。

② 墨水盒及墨水的维护。墨水盒在使用之前应储存于密闭的包装袋中。温度以室温为宜，太低会使盒内的墨水冻结，而如果长时间置于高温环境，墨水成分可能会发生变化。

不能将墨水盒放在阳光直射的地方，安装墨水盒时注意避免灰尘混入墨水造成污染。对于与墨水盒分离的打印机喷头，不要用手触摸墨水盒的墨水出口，以免杂质混入。为保证打印质量，墨水应使用与打印机相配的型号，墨水盒是一次性用品，用完后要更换，不能向墨水盒中注入墨水。

墨水具有导电性，因此，应防止废弃的墨水溅到打印机的印制电路板上，以免出现短路。如果印制电路板上有墨水沾染，请用含酒精的纸巾擦掉。墨盒安装好后，不要再用手移动它。

（3）激光打印机的维护

① 激光打印机的清洁。在打印过程在中，介质、碳粉、灰尘颗粒都可能在打印机内部积聚。随着时间的推移，这些积聚物会引起打印质量问题，如碳粉斑点污迹、涂污和卡纸。要纠正和避免此类问题，必须清洁打印碳粉盒区域，以提高打印质量。清洁前先关闭打印机，然后拔下电源线，等待打印机冷却。

为了防止损坏打印碳粉盒，应将其置于阴暗处。另外，不要触碰打印机内的黑色海绵传送滚筒，以免损坏打印机。按图 4. 34 所示打开碳粉盒端盖，取出打印碳粉盒。用一块干燥的无绒布按图 4. 35 所示擦去介质通道区域和打印碳粉盒凹陷处中的残留物。擦完之后重新安装打印碳粉盒，关闭打印碳粉盒端。

图 4. 34 取出打印碳粉盒

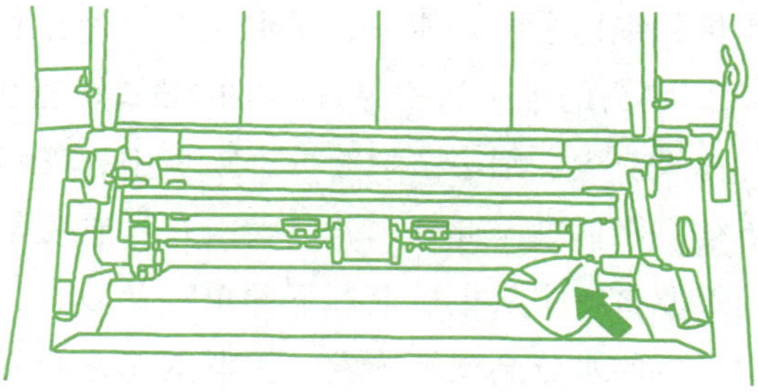

图 4. 35 擦除残留物

按图 4.36 所示将打印机电源插头插入电源插座，然后打开打印机。

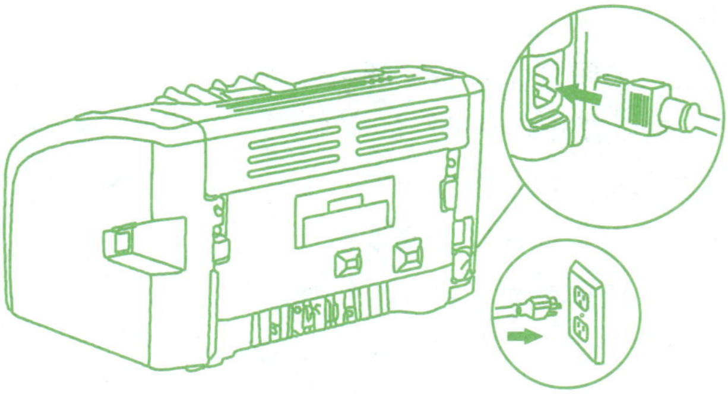

图 4.36 接通电源

② 更换取纸滚筒。正常使用质量良好的介质可减少对取纸滚筒的磨损，使用质量差的介质则可能需要频繁地更换取纸滚筒。如果打印机经常发生取纸错误（无介质送入），则应该及时更换或清洁取纸滚筒。

首先关闭打印机，然后拔下打印机的电源线，等待打印机冷却。为防止损坏打印机碳粉盒，应尽量缩短将其暴露在直射光线下的时间。可用一张纸盖住打印碳粉盒，然后打开打印碳粉盒端盖，取出打印碳粉盒。

按图 4.37 所示找到取纸滚筒（图中箭头所指）。

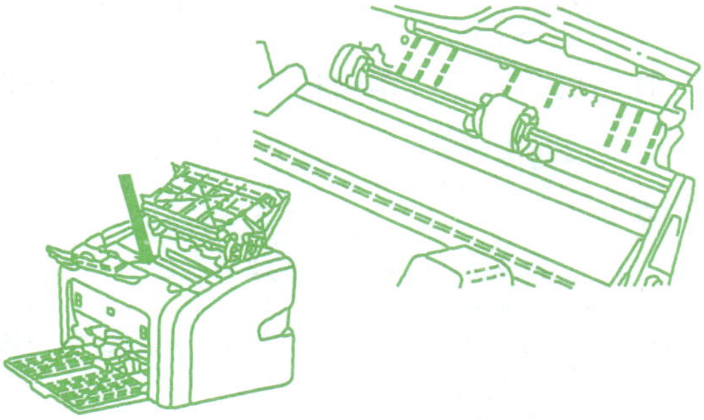

图 4.37 取纸滚筒的位置

按图 4.38 所示松开取纸滚筒两侧的白色小压片，将取纸滚筒向前方旋转。

按图 4.39 所示轻轻地向上、向外拉出取纸滚筒。

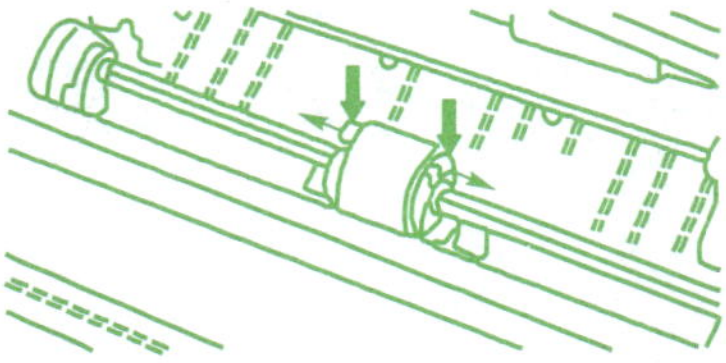

图 4.38 旋转取纸滚筒

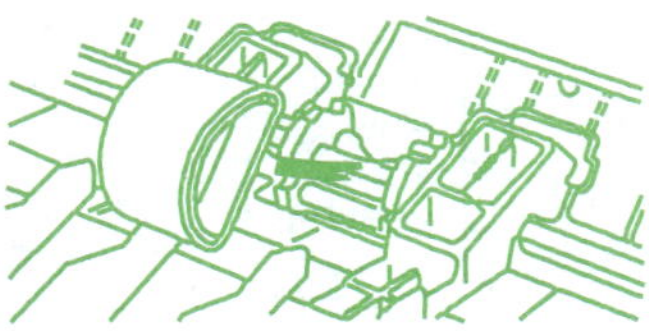

图 4.39 拉出取纸滚筒

将新的取纸滚筒放入纸槽，并按图 4.40 所示将新的取纸滚筒的顶部向远离自己的方向旋转，直到两侧均卡入到位。

重新安装打印碳粉盒，关闭打印碳粉盒端盖。将打印机电源插头插入插座，然后打开打印机。

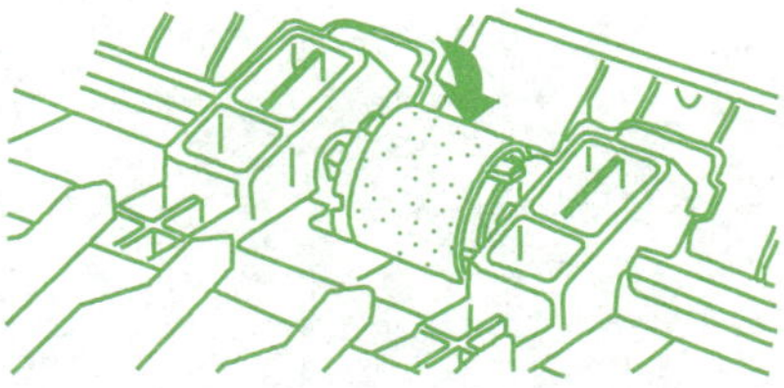

图 4.40　取纸滚筒安装到位

③ 清洁取纸滚筒。如果希望清洁取纸滚筒，而不是更换它，可按更换取纸滚筒中的步骤取出取纸滚筒。用一块无绒布蘸上酒精（酒精和布要远离明火）擦洗取纸滚筒，如图 4.41 所示。擦完毕后，先使取纸滚筒完全风干，然后再将其重新装入打印机。

④ 更换打印碳粉盒。打开打印碳粉盒，取出旧打印碳粉盒。从包装中取出新的碳粉盒，轻轻地前后摇晃打印碳粉盒，以使碳粉在碳粉盒内部分布均匀。

按图 4.42 所示向外拉压片，直到将整条胶带从打印碳粉盒中拉出，将压片放在打印碳粉盒包装盒中，以备回收。

图 4.41　擦洗滚筒

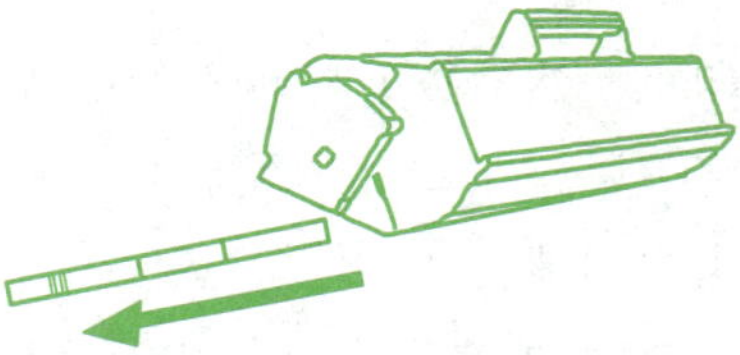

图 4.42　拉出压片

将新的打印碳粉盒装入打印机，确保打印碳粉盒放置到位，关闭打印碳粉盒端盖。

6. 提高打印质量

打印缺陷及解决方法见表 4.1。

表 4.1　打印缺陷及解决方法

打印缺陷	图　形	原因及解决方法
颜色浅淡	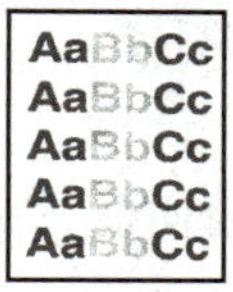	1. 碳粉不足； 2. 碳粉可能不符合该打印机的介质规格（如介质太潮湿或太粗糙）； 3. 如果整页纸颜色都浅，则表明打印浓度可能调得太浅，或者可能打开了经济模式。在打印机属性中，调整打印浓度并禁用经济模式
碳粉斑点	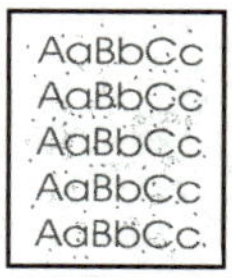	1. 介质可能不符合该打印机的介质规格（如介质太潮湿或太粗糙）； 2. 需要清洁打印机

续表

打印缺陷	图形	原因及解决方法
丢字	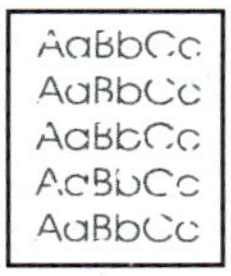	1. 某一页可能有缺陷，尝试重新打印作业； 2. 介质的含水量不均匀或介质表面有湿点； 3. 整批介质质量差，制造工艺可能导致某些区域掺不进碳粉。可用另一种类型或品牌的介质； 4. 打印碳粉盒可能有缺陷
有垂直线	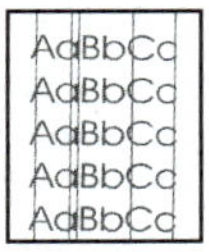	打印碳粉盒中的感光鼓可能有划痕。安装新的打印碳粉盒
灰色背景	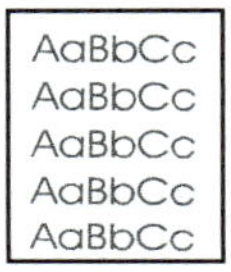	1. 通过改变打印机属性的设置降低打印浓度设置，来降低背景阴影； 2. 减小介质的基本重量； 3. 检查打印机所处的环境，特别干燥的条件下可能会增大背景阴影； 4. 安装新的打印碳粉盒
碳粉污迹	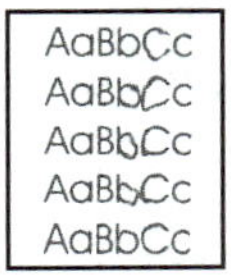	1. 如果介质前沿出现碳粉污迹，则说明介质导板可能不干净。可用干燥的无绒布擦拭介质； 2. 检查介质类型和质量； 3. 安装新的打印碳粉盒； 4. 加热组件温度可能太低，确保选择了适当的打印机驱动程序类型
有松散的碳粉	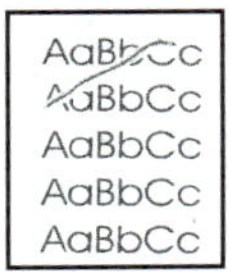	1. 清洁打印机内部； 2. 检查介质类型和质量； 3. 安装新的打印碳粉盒； 4. 确保选择了适当的打印机驱动程序类型； 5. 将打印机直接插入交流电源插座，而不是插入电源板
垂直重复的缺陷	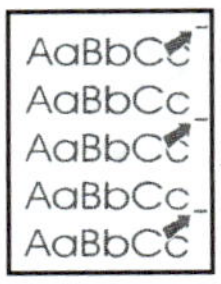	1. 打印碳粉盒可能已损坏，如果在页面上出现重复标记，应安装新的打印碳粉盒； 2. 内部部件上可能有碳粉，如果缺陷出现在打印页的背面，此问题可能会在打印几页后自动校正； 3. 确保选择了适当的打印机驱动程序类型
字符变形	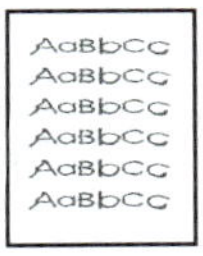	1. 如果字符变形，产生了中空的图像，可能是介质太滑； 2. 如果字符变形，产生了波状效果，可能需要维修打印机

续表

打印缺陷	图形	原因及解决方法
页面歪斜		要确保介质正确装入，且介质导板不紧不松地靠着介质叠放
卷曲 或波形		1. 检查介质类型和质量，高温和高湿度都会导致介质卷曲； 2. 介质可能在进纸盘中放置太久，可将进纸盘中的介质叠翻过来，也可试着将进纸盘中的介质旋转180°； 3. 加热组件的温度可能太高。确保选择了适当的打印机驱动程序类型。如果问题仍然存在，可选择使用较低加热组件温度的介质类型，例如投影胶片或轻型介质
起皱 或折痕	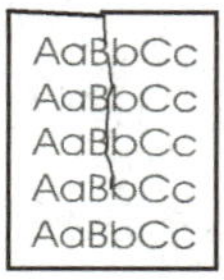	1. 要确认介质是否正确装入； 2. 检查介质类型和质量； 3. 翻转进纸盘中的介质，也可试着将进纸盘中的介质旋转180°； 4. 对于信封，可能是由信封中有空气层所致。取出信封，将它压平，之后再尝试打印
字符轮廓边缘 的碳粉分散	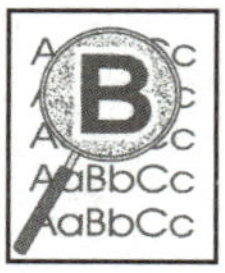	1. 如果大量碳粉分散在字符周围，可能是介质不接受碳粉（激光打印时有少量的碳粉分散属正常现象）； 2. 翻转进纸盘中的介质

三、打印机的常见故障诊断

引起打印机不能打印有硬件和软件两方面原因，当然，病毒也可能引起该故障，发生这种现象时，可按如下步骤进行处理：

① 首先检查打印机电源线连接是否可靠或电源指示灯是否点亮，然后再次打印文件，仍不能打印，请看下一步。

② 检查打印机与计算机之间的信号电缆是否可靠连接，检查并重新连接电缆后，如果打印机仍不能打印，请看下一步。

③ 换一条能正常工作的打印信号电缆，然后重新打印，如仍不能打印，请看下一步。

④ 检查打印机驱动程序是否正常，如果未使用打印机原装驱动程序，也会出现不能打印的故障，这时需要重新安装打印机驱动程序。如果打印机仍不能打印，请看下一步。

⑤ 检查应用软件中打印机的设置是否正常，例如，在WPS、Word中将打印机设置为当前使用的打印机，如果仍不能打印，请看下一步。

⑥ 检查是否是病毒原因，用查毒软件处理之后，如果打印机仍不能打印，请看下一步。

⑦ 如经过以上处理还不能打印，则可能是打印机硬件出现故障，只有将打印机送专业检修点。

4.4 复印机的使用与维护

应知应会：

1. 了解复印机的结构及工作原理。
2. 了解复印机的种类及分类方法。
3. 会正确使用与维护复印机。

复印机是一种能将手写、印刷或绘制的原始文件，复制出和原稿相同文件的机器。它不需要印刷版，且具有快速复印、缩放等现代化特性，节省人们许多抄写、刻印的时间，是必备的自动化办公设备。目前被普遍使用的复印机所采用的技术称为“静电复印技术”。

复印机主要用来复印文件、书刊、工程图纸等。20世纪80年代以来，新一代复印机——数码复印机的出现，使它从独立操作的脱机型设备向联机型方向发展，从而又开拓了一系列新的应用领域。复印机外形如图4.43所示。

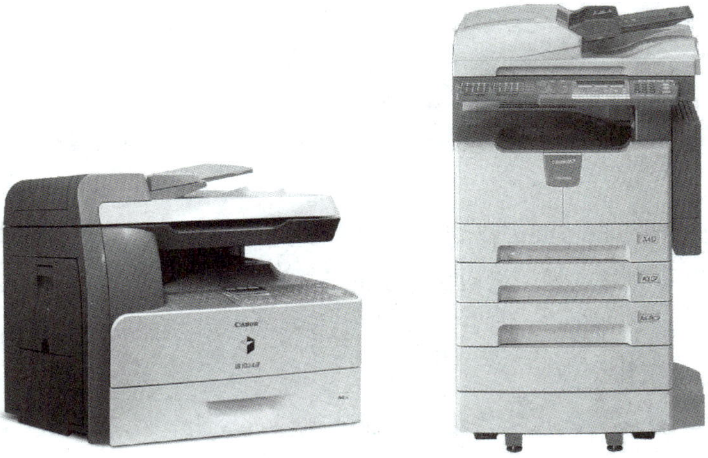

(a) (b)

图4.43 复印机外形

一、复印机的结构和工作原理

1. 复印机的结构

图4.44所示为静电复印机的外部结构示意图。操作面板和显示器件在机身的上前方，便于复印操作的设定和控制；机身的上部主要是光学部件，右侧是供纸盒和手动供纸部；左侧是定影部接纸盘；中部主要有感光鼓、电晕器、显影部件、转印部件、清洁部件、输纸部件等；后部主要是驱动部件和微处理器控制电路等。整机除传动部件、光学部件外，感光鼓、电晕器、显影部件、清洁部件、定影部件等都能方便地进行拆装，便于清洁和维

修保养操作。

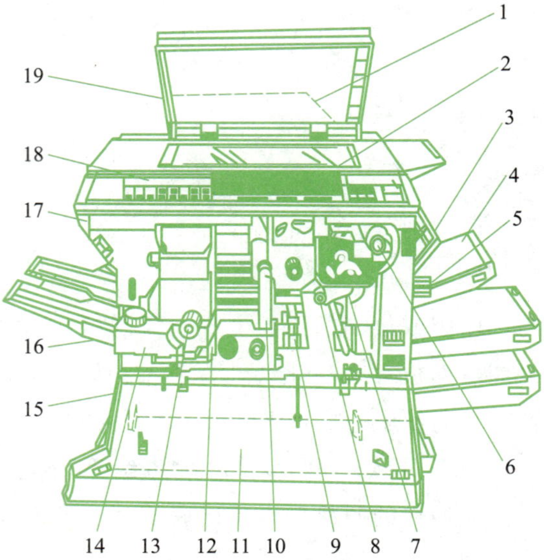

图 4.44　静电复印机的外部结构示意图

1—原稿放置盘；2—稿台玻璃；3—手动送纸盘；4—纸盒；5—计数器；6—墨粉筒；
7—显影器组件；8—供纸部旋转钮；9—转印分离组件释放杆；10—废粉回收瓶；11；前上盖板；
12—定影器释放杆；13—定影辊旋转钮；14—硅油瓶；15—前下盖板；
16—副本接收盘；17—电源主开关；18—操作面板；19—稿台盖板

通常一台静电复印机按功能可以划分成四大系统：曝光系统、成像系统、输纸系统和控制系统。图 4.45 所示为静电复印机四大系统的组成框图，其中的虚线框表示系统的范围。有些实线框（如定影器等）同时位于两个虚线框里，这表示其功能同时分属于两个系统。

2. 复印机的基本工作原理

目前使用的静电复印机，其静电复印过程必须经过充电、曝光、显影、转印、定影五个基本工序。其基本工作原理如图 4.46 所示。

3. 数码复印机的工作原理

数码复印机通过 CCD（电荷耦合器件）传感器对通过曝光、扫描产生的原稿的光学模拟图像信号进行光电转换，然后将经过数字技术处理的图像数码信号输入到激光调制器。调制后的激光束对被充电的感光鼓进行扫描，在感光鼓上产生静电潜像。图像处理装置（存储器）对诸如图像模式、放大、图像重叠等作数码处理后，再经过显影、转印、定影等步骤完成整个复印过程。

二、复印机的种类

根据不同的标准，复印机的分类方法很多。

1. 按复印速度分类

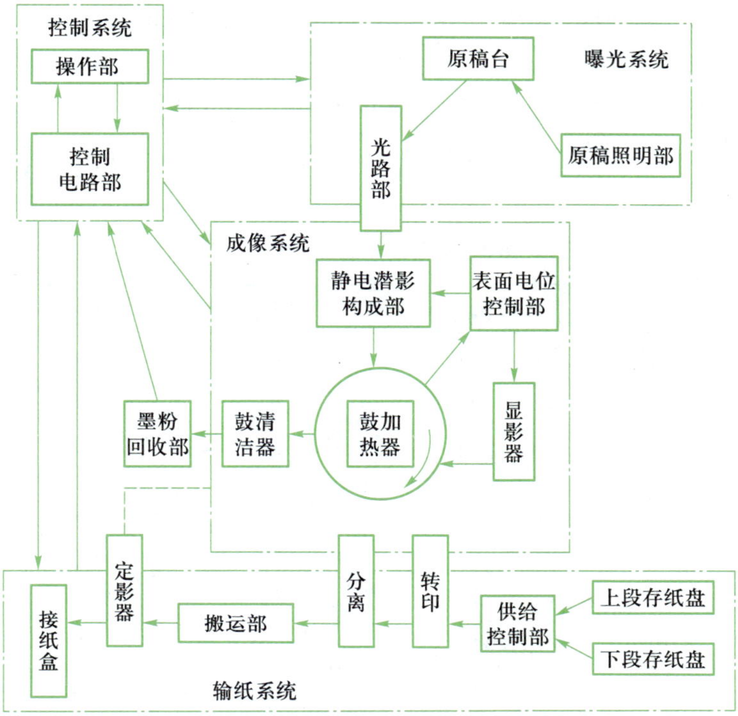

图 4.45 静电复印机四大系统的组成框图

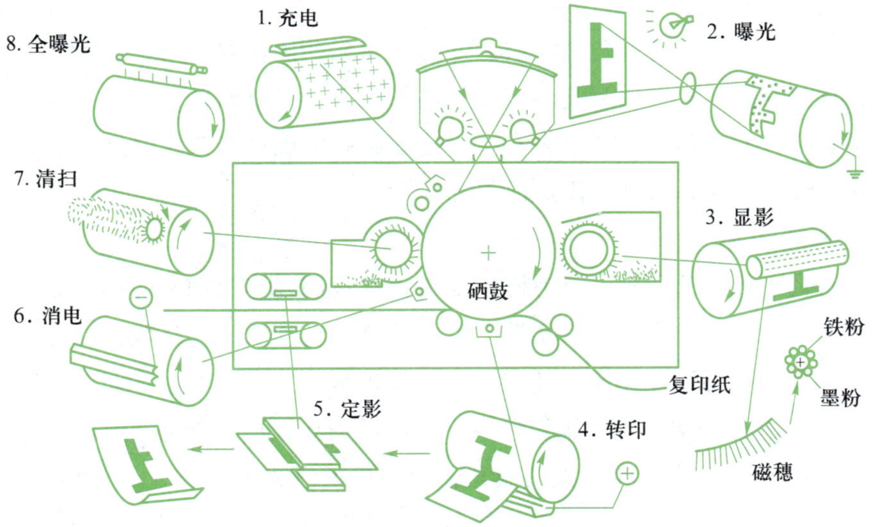

图 4.46 静电复印机的基本工作原理

复印机可分为低速、中速和高速三种挡位。低速复印机每分钟可复印 10～30 份（以 A4 幅面的文档为准），能满足一般应用需求；中速复印机每分钟可复印 31～59 份，适合大型工作组使用；高速复印机每分钟可复印 60 份以上，适合部门级用户使用。

2. 按幅面大小分类

供普通办公用户使用的复印机都能复印 A5～A3 幅面的文档，专用的工程复印机可复印大至 A0 幅面（宽 90 cm、长 120 cm）的图纸，不过其价格昂贵。常用复印纸幅面规格尺寸见表 4.2。

表 4.2 常用复印纸幅面规格尺寸

规格	幅宽/mm	长度/mm	规格	幅宽/mm	长度/mm
A0	841	1 189	B0	1 000	1 414
A1	594	841	B1	707	1 000
A2	420	594	B2	500	707
A3	297	420	B3	353	500
A4	210	297	B4	250	353
A5	148	210	B5	176	250
A6	105	148	B6	125	176
A7	74	105	B7	88	125
A8	52	74	B8	62	88

3. 按复印时使用的纸张分类

复印时使用的纸张可分为有药膜涂层的专用纸和无药膜涂层的普通纸两种，复印方法据此分为直接法和间接法。直接法就是将图像复印在涂有光敏材料的纸张上，这种方法复印成本较高，效果也不理想；间接法就是先在涂有光敏材料的硒感光鼓上形成图像，然后再转印到纸上，目前大多数的复印机都采用这种方法。

4. 按工作原理分类

按工作原理的不同，复印机可分为模拟复印机和数码复印机两种。模拟复印机的工作原理是：通过曝光、扫描方式将原稿的光学模拟图像通过光学系统直接投影到已被充电的感光鼓上，产生静电潜像，再经过显影、转印、定影等步骤，完成整个复印过程。数码复印机的工作原理是：首先通过 CCD（电荷耦合器件）对原稿的模拟图像信号进行光电转换，然后将经过数字处理的图像信号输入到激光调制器，调制后的激光束对被充电的感光鼓进行扫描，在感光鼓上产生静电潜像，再经过显影、转印、定影等步骤，完成整个复印过程，基本相当于把扫描仪和激光打印机的功能融合在一起。

与模拟复印机相比，数码复印机的主要优点在于：一次扫描，多次复印。减少了扫描器的磨损及噪音，也减少了卡纸的机会；复印质量好，复印件清晰整洁；易于实现电子分页，且有强大的图像编辑功能。随着数字化技术的普及，数码复印机必将成为复印设备的主导产品，并且与其他数字办公设备相匹配。

三、复印机的选购和安装

1. 数码复印机的选购

在选购数码复印机时主要应考虑以下几个关键技术指标：

（1）输出分辨率

和打印机一样，数码复印机的输出分辨率是最重要的技术指标。由于数码复印机采用的是激光静电转印技术，因此输出分辨率一般来说都可以达到 1 200 dpi 以上，其输出效果也远远优于标称为 1 200 dpi 的采用喷墨技术的输出设备。

（2）预热时间和复印速度

这是两个和时间相关的技术指标。如果某一个时间段内需要复印的文件量比较大，则这两个参数是很重要的。

（3）存储器和处理器的配置情况

数码复印机一般来说都会配置较大容量的内存，以便实现连续复印，并且在作为网络输出设备时能够容纳尽可能多的等待队列。有的产品还会配有处理器，以使产品处理数据的能力更加强大。存储器的容量自然是越大越好，有处理器的产品自然也比没有处理器的产品要好。尤其是复印工作量特别大的用户，应该选择存储器容量大并且带有处理器的产品。

（4）应该具有网络共享功能

数码复印机的打印和复印能力具备网络共享的功能，因此，如果办公室中已经有局域网，则应该尽可能选择那些具有网络共享功能的产品。即使还没有网络，也应该选择那些以后可以加插网络共享附件的产品。

（5）耗材的情况

办公室中，耗材的消耗量一般比较大，因此用户在选购时还应该了解产品的耗材情况，主要是了解耗材的价格及其使用量，然后核算一下使用的单位成本。

（6）售后服务

用户在选购时一定要对售后服务的情况了解清楚，最好选择能够上门服务的产品。

2. 模拟复印机的选购

在选购模拟复印机时主要考虑以下一些关键技术指标。

（1）质量要求

① 文字：分辨率高，无畸变，无底灰，反差大。

② 图像：分辨率高，无畸变，无底灰，中间层次丰富。

（2）速度要求

一般要求复印速度为（A4）10 张/min 以上。按照静电复印机的复印速度（A4 张/min）和每月复印量（A4 张/m），常用的模拟复印机分为三大类：普及机、中级机和高级机。这三种复印机相对价格差别比较大，可根据对复印速度的要求并考虑价格的差别选择。

（3）幅面与比例

目前，一般静电复印机的最大复印幅面大多为 B4（257 mm × 364 mm）和 A3（297 mm × 420 mm）两种规格。如果只复印文件、文献、杂志等，选购最大幅面为 B4 的也就足够了。但若还需复印图纸等技术资料，则选购最大幅面为 A3 的静电复印机比较合适。

（4）稿台的形式

目前静电复印机的稿台有两种形式：一种是稿台移动式的，它只能复印单页（或散页）稿，而不能够复印书本；另外一种是稿台固定式的，它既能复印单页稿，又能复印书本。因此，若需要复印书本，则必须选购稿台固定式的静电复印机。

（5）主机的形式

主机的形式有两种：一种是台式机，其体积较小，重量较轻，机器运转的噪音也比较小，但复印量也比较小，适用于复印工作量不太大的情况；另一种是落地式复印机，其体积较大，重量较重，机器运转的噪音也比较大，但复印量比较大。

（6）价格

对价格的考虑，不能只看复印机的价格，还应该将复印纸的性能、能耗等问题一起分析和考虑。一般来说，质量优良、多功能的静电复印机价格也较高。

（7）自动化程度

目前有些静电复印机具有自动进稿、自动分页、自动叠页、自动掀起压稿板等自动化装置，可提高复印速度及复印质量。但自动化程度愈高的复印机，其价格也相应愈高，并且愈难修理，其修理费用也愈高。因此，不宜盲目追求自动化，应该根据复印工作的实际需要进行选购。

（8）特殊需要

所谓特殊需要，也就是在实际工作中对静电复印机技术规格的要求。例如，通常的静电复印机，其最大复印件幅面为 A3，若要求复印件的幅面大于 A3，就得选购大幅面的静电复印机。有些大学、研究所、图书馆等单位，需要将缩微胶片复印成通常的复印件，这就得选购缩微胶片静电复印机。

3. 复印机的安装

如果有下列环境情况应停止安装：潮湿，阳光直射，多尘，通风不良，温度、湿度变化极大。另外，必须将复印机置于坚固、平整的地面；必须让复印机背面至少离墙 10 cm，以确保良好的通风和散热；必须使用复印机上规定的额定电源，并将复印机接地。复印机的安装建议参考随机操作手册进行，一般需经过以下步骤：

步骤 1：查主机零部件、消耗材料及备件，确保完整无缺。

步骤 2：按照安放要求正确放置主机，并依次安装感光鼓，加入载体及墨粉安装纸盒和副本盘。

步骤 3：主机显示及工作状态检查、包括机器各部位有无损伤和变形；各齿轮、皮带轮和链轮等是否处于正确位置；各按键和机器状态显示是否正常。

步骤4：机器试运行。

步骤5：做好记录。

步骤6：安装自选附件。

四、复印机的使用与维护

1. 复印机的使用

各类复印机的操作程序大体相同，现将一般使用方法介绍如下：

（1）开机预热

按下复印机的总电源开关，这时复印机操作面板上应有显示，出现预热等待信号，表明定影器在预热升温。当预热信号消失，表示复印机预热完毕，可以进行复印。有的复印机还会出现音乐声音，或画板上出现“准备好”的字样。

（2）准备工作

放置原稿前，应查看原稿上的字迹、图像的清晰度和色调，将原稿上不清楚的字迹或线条描写清楚。如果是装订的原稿，应尽量拆开，以保证与稿台玻璃充分接触。原稿要放在稿台玻璃相应的标尺之内，原稿放置的方向应与所选用复印纸的方向一致，然后将盖板压在原稿上，盖板要尽量盖严，以免因漏光出现黑边。

（3）选择复印倍率

对有放大、缩小功能的复印机来说，要在复印前预设所需的放大或缩小倍率，以便据此选择合适的复印纸，倍率的选择有几种表示方式，一种是以纸型尺寸表示，另一种是以百分比表示。

（4）选择复印纸尺寸

根据原稿的大小或需要缩小、放大的尺寸，选取合适的复印纸，一般通过按下纸盒选择键来完成。为了避免纸张间因静电作用而粘在一起，纸张放入纸盒前，应将纸张抖松。纸张进入复印机不正常、出现倾斜是出现卡纸的主要原因之一，因此，必须在装入纸张时，将纸盒或手工送纸导板调节到与纸张大小相符。

（5）预置复印数量

复印数量的预置分为旋钮式和按触式，一般可从1页复印到99页。旋钮式可直接旋至所需的数字，按触式则像计算器上的数字键一样，以手指触压选定，如果设错了复印数量可按清除键清除，然后重新设定。

（6）调节复印机浓度

复印机浓度的调节，有的是靠调节窄缝的宽度实现，有的则是通过控制原稿曝光灯的亮度来完成，但调节装置大致相同，有旋钮式的，更多的是采用滑动杆式，利用其上下或左右的移动控制上述调节方式。原稿的色调越深，就越应加大曝光量，也就是将光缝调宽些，或加大曝光灯的亮度；原稿色调淡的，可向相反的方向调整。

2. 复印机的维护

复印机是由光、电、机械等部分组成的一个系统，它涉及的学科较多，结构较复杂，只有精心维护保养，才能保证机器长期可靠运行。复印机的维护保养主要是对机内各部件和光学系统进行清洁。

（1）清洁原稿台玻璃

用干净的潮湿软布擦拭复印机原稿台玻璃和原稿盖板，擦不掉的污迹可蘸少许酒精擦拭。带有自动进稿装置的机器可用蘸有中性清洁剂的湿布擦拭输送带，并用干布擦干。

（2）清洁充电部件

打开复印机前门，轻轻拉出充电、消电、转印电极，用脱脂棉擦拭电极金属屏蔽及电极丝。遇到不易擦净的污物时，可用少许酒精浸湿棉球擦拭，等酒精完全干燥后，再插入机内。

（3）机内清洁

对复印机内部如纸盒仓、电极轨道、感光鼓周围、定影器架、纸路传送轮及传送带等部件要经常擦拭，保证无粉尘及纸屑。若复印量比较大，除每周常规清洁外，还要每月进行如下的维护工作：

① 清洁反光镜及镜头。旋下原稿台玻璃固定螺钉，取下玻璃，拆开反光镜及镜头护罩，用镜头纸分别擦拭各反光镜、镜头等光学部件，最后将稿台玻璃的两面擦净。

② 清洁光路透射镜片。有些复印机的光路中间或尾部装有隔热玻璃或透射镜片，前者的作用是透光隔热，防止高温直接烘烤原稿台玻璃；后者的作用是防止复印过程中的粉尘上行而污染光路部件。清洁方法与清洁反光镜相同。

③ 清洁扫描部件。扫描部件也位于稿台玻璃之下，可用脱脂棉或软布擦拭有灰尘的地方，然后在一张干净的白纸上蘸少许润滑油，反复擦拭扫描杆，即扫描部分运行的轨道。

④ 清洁曝光灯。清洁曝光灯管时可用镜头纸或脱脂棉，并蘸少量酒精，但必须小心轻拿轻放，以免损坏管壁玻璃和灯丝。曝光灯周围的反光罩也要用干的软纸擦去灰尘。

⑤ 清洁纸路部件。用微湿的软布擦拭上、下纸盒的搓纸轮，对位辊，纸路导板和输送带等部分。清洁这些部分时，需使之慢慢转动，以保证每一部分都能擦到。有些机器搓纸轮是凹轮状的，可以用开机断电的方法使凸面转到下方，进行擦拭，亦可拆下侧板进行擦拭。

⑥ 清洁感光鼓。从复印机上取下感光鼓，但注意不要用手碰触其表面，应拿其两端，用干净的软布朝一个方向擦去其上的墨粉。在拆卸和安装时，应尽量使之与感光鼓轴平行，并防止碰到硬的物体而划伤感光层。

⑦ 清洁显影器。从机内拉出显影器，用干布擦去显影辊以外的各部分沾染的墨粉。检查显影辊表面，如发现异物、油污或手印时，应用不掉毛的纸擦净，切忌用其他硬物刮显影辊的表面。

⑧ 清扫清洁部件。从机上取下清洁部件，用刷子刷掉清洁刮板、清洁辊上的灰尘、纸屑和墨粉等物，用不掉毛的软纸擦拭清洁刮板的刃口。

⑨ 清洁分离部件。分离部件上装有分离爪、分离片或分离带，如果不太脏，可用干布蘸少量酒精在机上擦拭，否则需要拆下擦拭。安装时必须保证分离带（片）与感光鼓接触紧密，不得扭曲，以防造成卡纸。

⑩ 清洁定影器。从复印机上取出定影器，注意工作一段时间后定影器的温度将很高，要避免烫伤。首先用酒精棉清洁定影器加热辊和压力辊，然后擦拭定影辊的橡胶刮板，检查定影辊表面的润滑情况，补充硅油，最后擦拭定影器的进纸口和出纸口及其表面。定影器出口还有一排分离爪和消电纤维，也要认真擦拭。

复印机是比较精密的设备，所以维护时要格外小心，特别是进行内部清洁时，一定要严格按步骤进行，以免对复印机造成损害。

3. 定期保养程序

复印 3 000 张后：要对废粉盒、显影器底部、导纸板和稿台玻璃进行清洁。

复印 10 000 张后：要对显影辊和定影器进行清洁。

复印 50 000 张后：除清洁主要部件外还要检查易损零部件的工作状况，有损坏的需及时更换；

复印 100 000 张后：还应检查驱动部件的工作状况是否需清洁、加油或更换。

4. 保养应注意的问题

在保养过程中，为了不使机器产生人为故障或损坏机器的零部件，必须注意以下几点：

① 应在断电情况下进行保养。

② 一定要用中性清洁剂清洁。若清洁某些部件时需使用酒精，应注意防火。

③ 使用润滑剂一定要适量。塑料和橡胶零件不可加油，否则会加速其老化。

④ 拆卸部件时，应注意次序，必要时要做记录，以免安装时漏掉或颠倒次序。

⑤ 拆下的不同螺钉要记好位置，以免上错，损坏机器。

4.5 多功能一体机的使用与维护

应知应会：

1. 了解多功能一体机的组成结构。
2. 能够熟练使用多功能一体机进行打印、复印、扫描、传真等工作。
3. 会对多功能一体机进行日常维护与保养。

多功能一体机是一种具备打印、传真、复印、扫描等功能中两项以上的机器，并且它的多项功能在同时工作时相互之间不会受影响。多功能一体机外形如图 4.47 所示。

一、多功能一体机分类

目前市面上的多功能一体机一般分为：激光多功能一体机和喷墨多功能一体机。

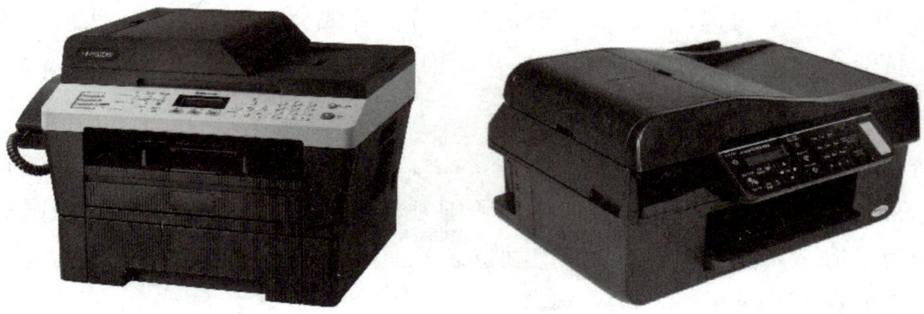

(a)　　(b)

图 4.47　常见多功能一体机外形

除了可以根据打印技术来进行分类之外，多功能一体机还可以根据产品的功能来分类。虽然都是集打印、复印、扫描、传真为一体的产品（有的产品可能没有传真功能），有的用户觉得只要功能一样，产品也就没有什么差别，但是事实却不是这样。绝大多数的产品在各个功能上是有强弱之分的，是以某一个功能为主导的，因此它的这个功能便特别的出色，一般情况下可以分为打印主导型、复印主导型、传真主导型，而扫描主导型的产品还不多见。当然也有些全能性的产品，它的各个功能都非常强，不过价格上也相对贵一些。

二、多功能一体机的使用

多功能一体机的组成如图 4.48 所示。

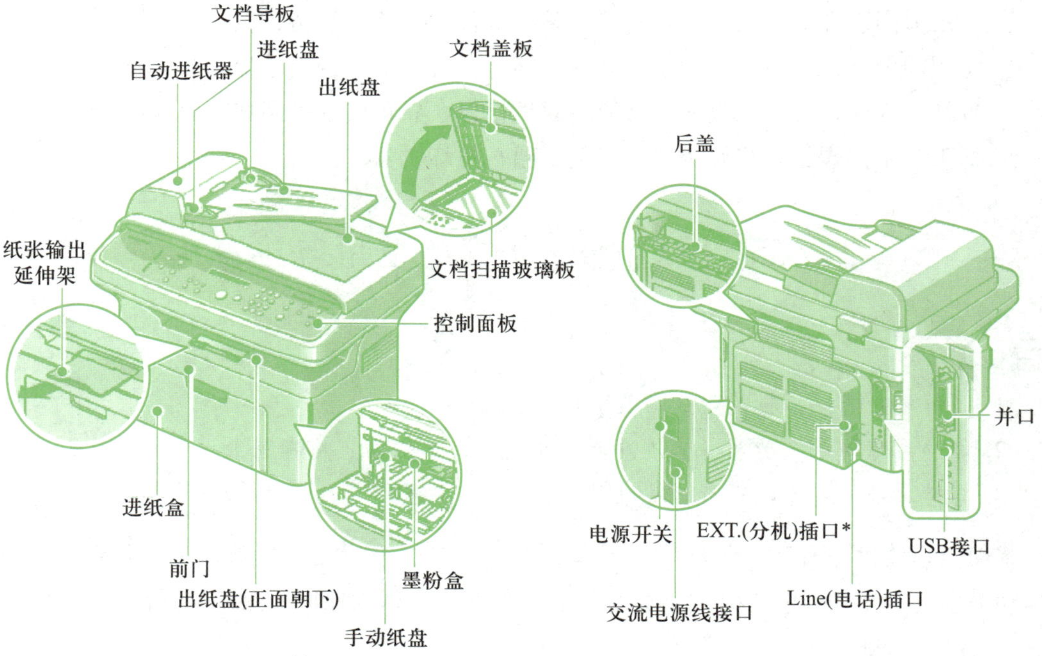

(a)　　(b)

图 4.48　多功能一体机的组成

图 4.49 所示多功能一体机控制面板由 7 个主要功能区域组成，各区域功能见表 4.3。

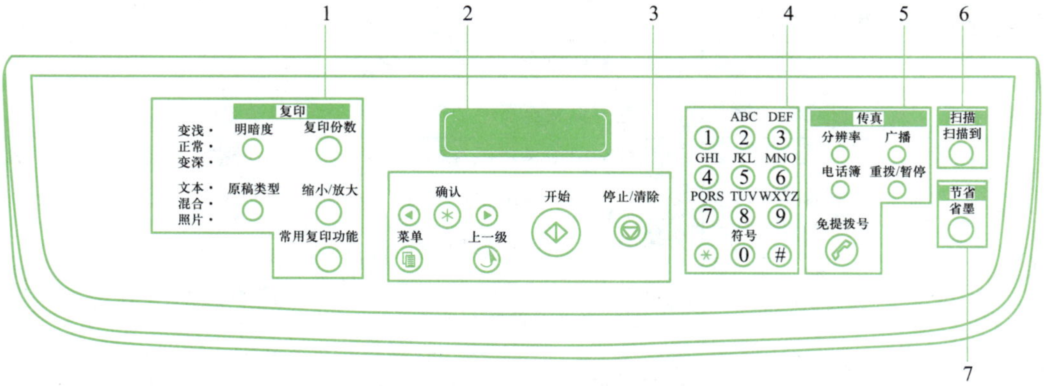

图 4.49 多功能一体机控制面板

表 4.3 多功能一体机控制面板功能区域

序号	按键或开关	功能
1	明暗度	调整当前复印作业的文档明暗度
	原稿类型	选择当前复印作业的文档类型
	复印份数	选择复印份数
	缩小/放大	缩放原件
	常用复印功能	用于选择各种特殊复印功能，如按照要求选择复制、逐份复印、自动调整、身份证复印、每张纸上复印 2/4 页（在一张纸上复印多页）及海报复印
2	液晶面板	在操作过程中显示当前状态和提示信息
3	左、右箭头	用于在选定菜单项的可选项间滚动
	确认	确认显示屏上的选择
	菜单	进入菜单模式，在可选命令间滚动
	上一级	返回上一级菜单
	开始	启动作业
	停止/清除	随时停止操作。 在待机模式中，清除/取消复印选项，如明暗度、文档类型、复印件的尺寸及份数等
4	数字键盘	拨号或输入字母、数字、字符

续表

序　　号	按键或开关	功　　能
5	分辨率	调整当前传真作业的文档分辨率
	广播	将一份传真发至多个目的地
	电话簿	用于将常用传真号码存储为使用一个或两个数字的速拨或组拨号码，以便自动拨号及编辑已存储的号码。 还可用于打印电话簿列表
	重拨/暂停	在待机模式中，重拨最后一个号码，或者在编辑模式中，在传真号码间插入暂停
	免提拨号	占用电话线路
6	扫描到	用于访问可将图像扫描到其中的 PC 软件程序的列表
7	省墨	通过减少打印文档的墨粉用量来节省墨粉

1. 安装

在安装好多功能一体机并将其与计算机连接之后，必须安装打印机和扫描仪软件。要在 Windows 环境中将机器用作打印机和扫描仪，必须安装 MFP 驱动程序。

2. 设置纸张尺寸和类型

将纸张装入纸盘后，需要使用“控制面板”对纸张的大小和类型进行设置。这些设置将应用于复印和传真模式。在一些应用程序中也可以选择纸张尺寸和类型。

3. 复印

（1）在文档扫描玻璃板上复印：打开文档盖板，将文档正面朝下放置在文档扫描玻璃板上，并与玻璃板左上角的定位指示对齐。使用控制面板按钮自定义复印设置，包括份数、复印件尺寸、明暗度和原稿类型等。要清除设置，请使用停止/清除按钮。如果需要，可使用特殊复印功能，如海报、自动调整、复制和身份证复印。

（2）从自动进纸器复印：将文档正面朝上放入 ADF（自动进纸器）。一次最多可以装入 30 页，使纸叠末端与纸盘上标记的纸张尺寸对齐。根据文档尺寸调整文档导板。使用“控制面板”自定义复印设置，包括份数、复印件尺寸、明暗度和原稿类型等。如果需要，可使用特殊复印功能。

4. 打印

多功能一体机可以在各种操作系统中打印。打印文档的具体步骤可能会因所使用应用程序的不同而异。

5. 扫描

要使用多功能一体机扫描生成应用程序列表，必须在打印机设置工具的扫描设置选项卡中对其进行配置。

6. 发送传真

将单页文档正面朝下放在文档玻璃板上，或者将文档正面朝上装入进稿器，按传真按钮发送传真。

7. 接收传真

在接收传真时，多功能一体机以指定的响铃次数应答来电，并自动接收传真。

三、多功能一体机的维护保养

1. 清洁机器

要保持打印质量，在每次更换墨粉盒或出现打印质量问题时，应按以下步骤清洁机器。

（1）清洁机器外部

用无绒的软布清洁机器外壳。软布可用水稍微蘸湿，但注意不要让水滴到机器上或滴入机器内。

（2）清洁机器内部

在打印过程中，纸屑、墨粉和灰尘颗粒可能会堆积在机器内部。这会造成打印质量问题，如出现墨粉斑点或污点。对机器内部进行清洁可以消除或减少这类问题。

（3）注意事项

① 使用含有大量酒精、溶剂或其他烈性物质的清洁剂清洗机器外壳可能会造成外壳褪色或破裂。

② 清洁机器内部时，注意不要接触墨粉盒下方的传墨辊。手指上的油脂会影响打印质量。

2. 维护墨粉盒

（1）墨粉盒存放

要使墨粉盒达到最高利用率，应遵循以下几条原则：

① 除非准备使用，否则请勿将墨粉盒从包装中取出。

② 不要重新填充墨粉盒。

③ 将墨粉盒存放在与机器所处的相同环境中。

④ 为了避免损坏，墨粉盒在光线下暴露的时间不应超过数分钟。

（2）节省墨粉

要节省墨粉，请按“控制面板”上的“省墨”按钮，按钮的背景灯变亮。使用此功能可延长墨粉盒的寿命，减少每页的成本，但同时也会降低打印质量。

（3）墨粉盒预期使用寿命

墨粉盒的使用寿命取决于打印作业需要的墨粉量。按照25%覆盖率打印文本，一个新墨粉盒平均能打印3 000页。实际页数会因打印页密度不同而异。如果打印大量图形，可能需要更频繁地更换墨粉盒。

3. 清洁OPC感光鼓

可以手动或自动清洁墨粉盒的OPC感光鼓。如果打印的文档上有条纹或斑点，则墨粉盒的 OPC 感光鼓可能需要手动清洁。

4.6　电话机、传真机的使用与维护

应知应会：

1. 了解电话机、传真机的组成、结构及分类。
2. 能够熟练使用电话机、传真机的基本功能。
3. 能够对传真机进行日常维护与保养。

一、电话机的种类与型号

常见电话机外形如图 4.50 所示。

(a)　　(b)　　(c)

图 4.50　电话机外形

1. 电话机的种类

电话机的制式从磁石电话机、供电式电话机，发展到自动电话机。自动电话机的拨号方式又从机械拨号盘式发展成电子按键式，电话机的功能从单一功能发展成多功能。电话机的种类很多，其分类情况见表 4.4。

表 4.4　电话机的分类

序　　号	分类方式	类　　别
1	按发送信号方式分类	脉冲按键电话机 双音频按键电话机 脉冲/音频兼容按键电话机
2	按按键电话功能分类	普通按键电话机 多功能按键电话机

续表

序 号	分类方式	类 别
3	按外形和应用场合分类	桌式电话机 墙式电话机 墙桌两用电话机 携带式电话机
4	按特殊功能分类	录音电话机 无绳电话机 投币电话机 磁卡电话机 移动电话机

(1) 按发送信号方式分类

① 脉冲按键电话机

按动键盘时发送脉冲拨码信号，它与机械拨号盘发送的信号参数交换是一致的，可用于步进制、纵横制的电话自动交换设备，也适用于程控交换机通信网。

② 双音频按键电话机

按动键盘时发送双音频的拨码信号，这类电话机仅适用于程控交换机通信网，它不能直接用于步进制、纵横制的电话自动交换设备。

③ 脉冲/音频兼容按键电话机

这种电话机在选择开关拨到“P”处时，按键时发送脉冲拨码信号；在选择开关拨到“T”处时，则发送双音频拨码信号。它可适用于各种制式的电话网。

(2) 按按键电话功能分类

① 普通按键式电话机

普通按键式电话机的键盘一般只有 12 个按键，0~9 十个数字键和“＊”“#”键。要注意，不同型号的电话机，对“＊”“#”键，可能赋给它们的功能不同，需要查看使用说明书来确定。此外，大多数普通按键式电话机还有一个 P/T 开关，用来实现双音频与脉冲发送信号方式的转换。

② 多功能按键式电话机

多功能按键式电话机除了具有按键式电话的功能外，还增加了许多其他功能。一般多功能按键式电话机具有以下功能。

• 暂停插入：在按任意两个数字键之间按功能（PAUSE）键时，则插入 3~4 s 暂停。一般配合内部小型交换机进行内线转外线的接线。

• 号码存储与存储拨号：该功能可把一些常用的电话号码编号存储在电话机中，当拨打电话号码时，只需按相应的存储拨号键，即可拨打电话号码。

● 铃声音量与音质调节：可以通过电话机上的音量、音质旋钮，改变铃声的大小和音质。

● 受话音量调节：在接对方电话时，可调节音量旋钮或开关，改变受话音量大小。

● 锁号功能：它可以用来限制其他人打长途电话。该功能对拨打的电话号码的第一位数进行限制，可用钥匙锁或电子锁来实现。

2. 电话机的型号

电话机的型号是按照电信部门进网电话机编号管理暂行办法命名的，由四部分组成：

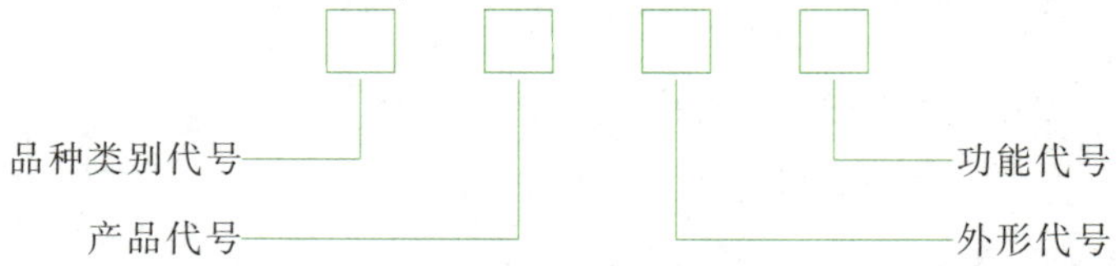

其中，品种类别代号由两位汉语拼音字母组成，见表 4.5；功能代号用英语字母表示，见表 4.6；外形序号用圆括号加罗马数字表示，例如，（Ⅰ）表示第一种外形，（Ⅳ）表示第四种外形；产品代号按厂家进网登记顺序排列，由 2~4 位阿拉伯数字组成。

表 4.5　品种类别代号

名称	磁石式	供电式	拨号式	按键式	录音式	无绳式	投币式	磁卡式
代号	HC	HG	HB	HA	HL	HW	HT	HK

表 4.6　功 能 代 号

名称	脉冲	双音频	免提	号码存储	脉冲/音频	锁号	扬声
代号	P	T	D	S	P/T	L	d

电话机的功能用中文或英文标注，其含义见表 4.7。

表 4.7　电话机功能中的中、英文标注及其含义

中文标注	英文标注	含　义
脉冲	P（PULSE）	脉冲
音频	T（TONE）	双音频
重拨	RD（REDIAL）	最后一次电话号码重拨
暂停	PAUSE	两个数码号之间插入一个暂停时间（3~4 s）
保持	HOLD	保持线路通话状态，音乐等待
持断	FLASH	用来代替按下叉簧，使电话机重新处于拨号状态
R	R	短时拍一下叉簧，用于与程控机配合实现转移呼叫
P/T	P→T	从脉冲发送信号自动转换到双音频发送信号

续表

中文标注	英文标注	含义
存储	STORE（MEMO）	存储用户号码
占用	INUSE	电话机处于工作状态，一般用指示灯表示
扬声	SP（SPEAKER）	不提手柄进行拨号和受话，但不能发话
免提	HANDSFREE	不提手柄进行拨号和通话
音量	VOLUME	受话音量调节
铃声	RINGER	振铃声或音量调节

3. 电话机的使用

按键式电话机功能多、按键多、机型多，但用法大多相同。下面举例简要说明，按键式电话机面板如图 4.51 所示。

图 4.51 按键式电话机面板图

（1）拨打电话

拿起听筒或按一下“免提”键，拨电话号码，进行通话，通话完毕后，将听筒放回原位或按一下“免提”键，即挂机。

（2）接听电话

当电话机响铃，显示来电者的号码，需接听时拿起听筒或按一下“免提”键，与对方通话，通话完毕挂机。

（3）挂断、重拨、暂停

当打电话遇忙音（占线）时，挂机或按一下“挂断”键后，再按“重拨”键就可自动重拨前一次所拨的电话号码。在拨号中，按“暂停”键可暂停 3~4 s，可配合拨打某些特殊的电话（如用内线电话机拨打外线）。

（4）预制拨号

挂机状态下可按数字键输入想拨的电话号码，按“回拨”键，话机自动摘机并拨出号码。

（5）自动追拨

若在拨打号码时遇到忙音（占线），此时可按“追拨”键进行自动追拨，显示屏有中文“自动追拨”提示，直至接通，摘机通话完毕后挂机。

（6）打出查询

在打电话时，话机进入计时后，话机自动将此号码存储起来，一般可存储最后 30 组号码及通话时间，按“打出查询”键可依次查阅拨打的号码，查到想拨打的号码后按“回拨”键即可自动拨出。连按两次“删除”键即可删除查到的电话号码。

（7）机械锁

锁背对红点，拨号无限制；锁背对绿点，限制打长途；锁背对黄点，只允许打 110、119、120、122 特殊号码。

（8）防盗功能

按“#”键不动，显示屏会显示“ON”，此时按“免提”键，再按“免提”键挂机，即将防盗设置为开的状态，使并机无法拨号。按“#”键不动，显示屏会显示“ON”，再按一下“#”键，显示屏会显示“OFF”，连按两下“免提”键即可将防盗设置为关的状态。

4. 电话机使用的注意事项

① 一条电话线上最多并机三台，实际并机数应服从当地电话局的规定。在并机状态下，不应同时使用。

② 应将“脉冲/音频”开关拨至正确位置，通话中也不要拨动该开关。

③ 不要将两根电话线短接，以防损坏电话局设备。

④ 要认真分清各种信号音，常听到的包括拨号音、振铃音、忙音、空号音、催挂音。

二、传真机

传真机是一种传输静态图像的通信设备。它是通过通信线路，将文字、图形等纸页式静止图像信息在两地之间传输，从而得到与原稿完全一样的复制品。常见传真机外形如图 4.52 所示。

图 4.52　常见传真机外形

1. 传真机的种类

传真机的种类繁多，分类方法也多种多样，大体见表 4.8。

表 4.8　传真机分类

序　号	分类方式	类　别
1	按色调分类	真迹传真机 相片（底片）传真机 彩色传真机
2	按通信时占用电话电路分类	单路传真机 多路传真机
3	按原稿性质分类	文件传真机 图片传真机
4	按性能和用途分类	文件传真机 相片（底片）传真机 新闻传真机 气象图传真机 信函传真机

续表

序号	分类方式	类别
5	按 CCITT 对传真通信设备的规定分类	一类机（G1） 二类机（G2） 三类机（G3） 四类机（G4）

常用的传真机主要为以下几种：

(1) 文件传真机

文件传真机用于传真手写、打印的文件、图表、图形以及有限层次的半色调图像。文件传真机的使用又分为用户传真机和公用传真机。按功能又可分为独立传真机（即只有传真功能的传真机）和多用传真机（既有传真功能，也可用作复印机、打印机、文档扫描机，而且还可以和个人计算机兼容）。根据输出方式的不同，可分为感热传真机（即直接利用感热式扫印技术）和普通纸传真机（即在普通纸上进行激光打印、喷墨打印）。

(2) 相片（底片）传真机

相片（底片）传真机用于传输有灰度的黑白或彩色相片（底片）和图片，接收端使用照相纸感光记录。相片（底片）传真机一般用于一个电话电路传输。

(3) 新闻传真机

新闻传真机用于传输整版的报纸和新闻资料。这种方式一般利用微波通信来传输。

(4) 气象图传真机

气象图传真机是一种专用传真机。这种传真机与短波定频接收机配套使用，利用无线电广播和气象卫星来发送和接收气象云图资料。

(5) 信函传真机

信函传真机一般具有自动拆封装置，待寄信函在当地邮局自动拆封并自动送入信函传真机再传送到对方邮局。对方邮局的传真机收到后，自动封好信函送出机外，即可投递收信人。

2. 传真机的使用

(1) 传真机的外形与各部件的连线

传真机各部分名称与功能如图 4.53 所示。

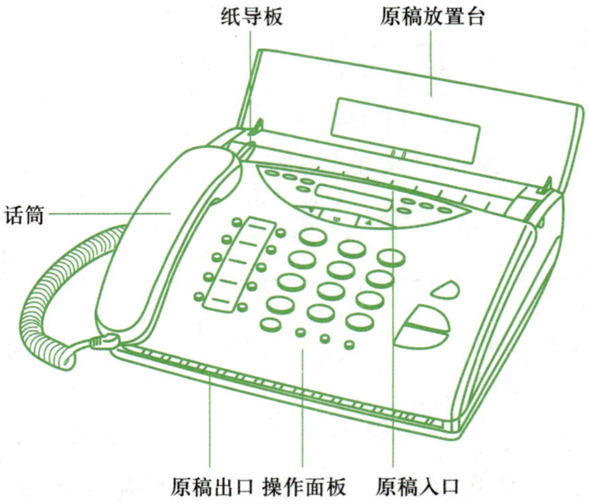

(a) 传真机前视图

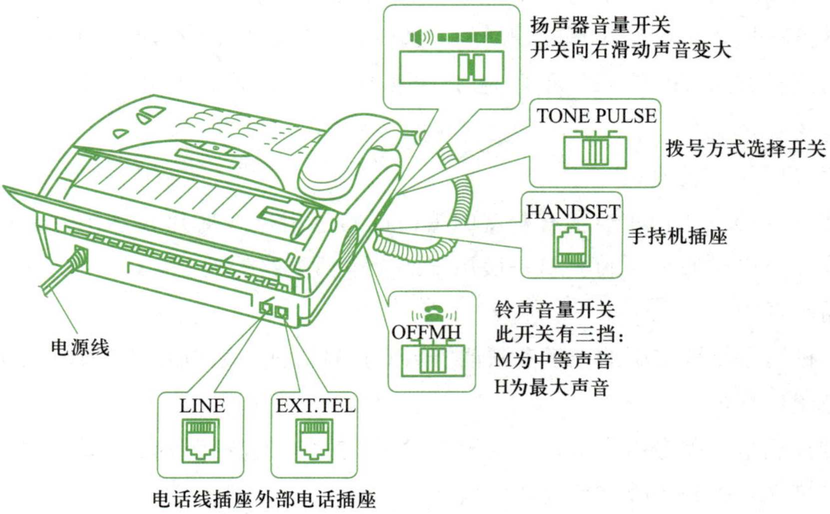

(b) 传真机后视和后侧视图

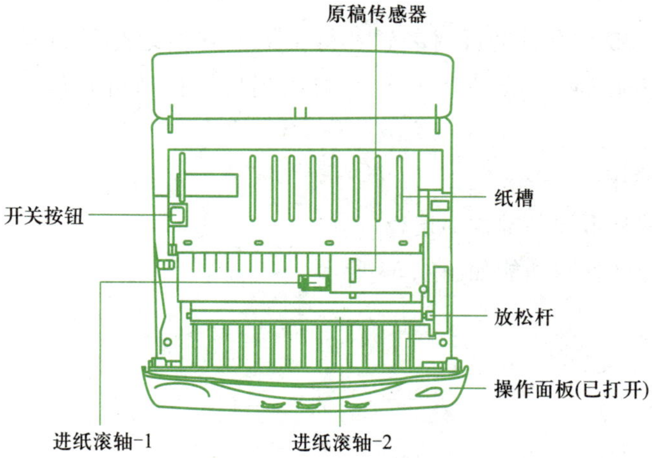

(c) 传真机的内视图

图 4.53　传真机各部分名称与功能

传真机操作面板如图 4.54 所示，图中各按键和开关作用见表 4.9。

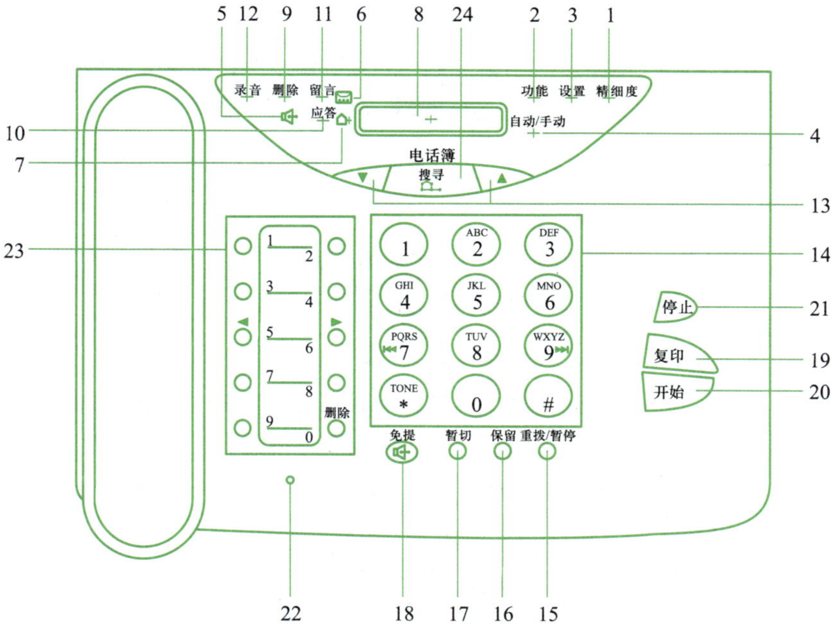

图 4.54　传真机操作面板图

表 4.9　传真机各按键和开关作用

序　号	按键或开关	作　用
1	“精细度”键	精细度设定
2	“功能”键	选择各功能
3	“设置”键	承认所做的选择
4	“自动/手动”键	选择接收模式：自动或手动
5	“免提”灯	“免提”键按下时，此灯亮
6	“留言”灯	闪烁表示有新录音；点亮表示存在旧录音
7	“应答”灯	点亮表示选择了应答接收模式
8	显示屏	显示日历和时间以及存在提示
9	“删除”键	删除内部应答系统中的留言录音
10	“应答”键	设定应答接收模式
11	“留言”键	播放留言信息
12	“录音”键	录入问候语
13	电话簿“▲”和“▼”键	翻卷显示屏的电话簿清单
14	数字键 0 ~9，*，#	用来拨号以及改变各种功能

续表

序　　号	按键或开关	作　　用
15	“重拨/暂停” 键	重拨上一次拨打的号码，号码的两个数间插入暂停
16	“保留” 键	暂时中断一会儿通话
17	“暂切” 键	呼叫等待功能中，在两个来电人间切换 启动一次三方会谈
18	“免提” 键	不需手持话筒即可通话
19	“复印” 键	复印功能或打印功能
20	“开始” 键	发传真或手工接收
21	“停止” 键	中止传送、接收、复印等操作或清除“再传一次”的提示 取消各种设定和拨号功能以及退出原稿
22	麦克风	读入问候语 进行免提通话
23	单触键	储存最常使用的 10 个号码
		在设置中使用： “5”：◄（光标左移） “6”：►（光标右移，输入字符时，起“回车”键作用） “0”：删除（起删除功能）
		在电话簿功能中使用： “5”：◄（显示记录的前页） “6”：►（显示记录的后页）
24	“搜寻” 键	搜寻一个记录

传真机与电话线和电源线的连接如图 4.55 所示。

图 4.55 中各部分情况为：

① 把话筒卷线插入手持机插座。

② 使用提供的电话线把电话线连接到回线（LINE）插座。该传真机不应和其他通信设备共用一个电话插座，这样可能会妨碍机器的正常使用。

③ 把传真机的电源线插入电源插座。

④ 外部电话或应答机可接到外部电话插口（EXT. TEL）。

（2）发送传真

传真机发送传真时需要对传真机进行精细度和对比度设置，然后可进行手工发送、自动发送、重拨、海外发送和定时发送传真。

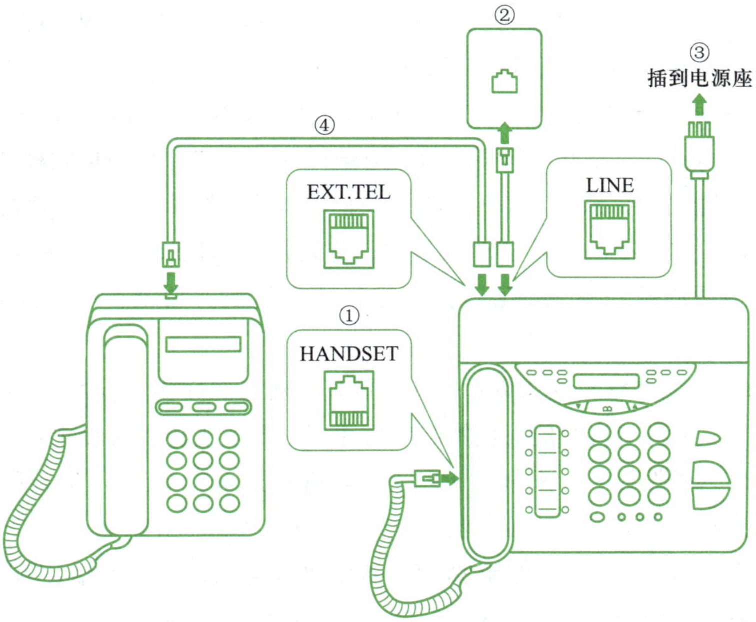

图 4.55 传真机与电话线和电源线的连接

① 精细度和对比度设置。传真机允许选择不同的精细度和对比度传真和复印。原稿放好后，选择最合适的精细度和对比度，还可把传真机设定成保持所做选择至再次进行选择，或每次传真/复印后自动返回默认的设定模式。

② 手工发送传真。手工发送类似于拨电话后发传真。当电话呼叫后听到传真音，传真机会自动启动传真发送。

③ 自动发送。使用话筒或免提键而由机器自动给对方送出传真信号，称为自动发送。

自动发送时注意：

若线路忙或对方没有应答，机器会自动再拨两次。按“停止”键中断传真或退出原稿。若在拨号时输入错，按“停止”键，然后再输入正确的号码。

④ 重拨。重拨有自动重拨和手动重拨两种。因为线路忙或对方没有应答而导致传真失败时，传真机会自动重拨两次。手动重拨是按“重拨/暂停”键，号码被重拨。

⑤ 海外发送。向海外发送传真时，由于信号太弱可能导致传送出错，使用海外发送功能可减少通信错误。海外发送传真也可在本地区传真出错误时使用。

⑥ 定时传真。传真机可设定成是时传送。定时应在 24 h（小时）内。使用定时传真一次最多可送 10 页原稿。

（3）接收传真

接收传真前首先要选择接收模式，传真机提供了 3 种接收模式：自动、手动和应答。按“自动/手动”键可在自动和手动模式间切换。按“应答”键设定模式（选择应答模式前，要先录好问候语），应答灯点亮。一旦设定成应答模式，自动/手动模式就不再起作用。再按一次“应答”键，应答模式被关闭，机器返回以前选择的模式。

① 自动接收模式。在自动接收模式，接收传真是自动的，不需要对传真机或连接其上的电话机进行操作。用户有一条共用传真线时，应选用这个模式。自动接收模式的操作顺序是：当有呼叫时，传真机在3次振铃后接通线路（用户可以选择振铃数，默认值是3次），这时呼叫者可以放下话筒。如果呼叫方是自动发送的，传真机检测振铃信号，并开始接收传真；如果呼叫方是语音电话或手动发送，通过用户选择的振铃次数设定，传真机切换到接收传真模式。

② 手动接收模式。如果主要用传真机进行传真，而且想在用户控制下接收传真，那么使用手动接收模式，发来的传真只能在应答呼叫后才可收到。当传真机设定在手动接收模式时，只是和配套电话机一样振铃。当来电呼叫时，传真机和连于其上的外部电话一直振铃至应答为止。而传真则只有靠手动启动才可接收。

手动接收过程为：电话振铃时拿起话筒，若是语音电话，直接通话；若是传真，会听到传真音，传真机自动接收传真。如果在通话后，来电者想发送传真，只要拨一下“开始”键，对方听到传真音后，就可以发送传真了。

③ 应答接收模式。在传真机连接了应答设备，并想在人离开后既可接收传真，又可接收留言时，选择这个模式。当设置在应答接收模式时，传真机（和外接电话）响铃3次或依照节省话费设置内藏应答系统后，如果来电没有被接听，电话线路会与内藏应答系统连接，播放问候语（应答内容）。

应答接收过程为：当有电话拨入，传真机（和外接电话）的铃声响3次（铃声的次数由用户设置），电话线路与内藏应答系统播放问候语（应答内容）应答来电。如果来电是传真（来电自动传真），传真机在播放问候语（应答内容）后，会自动接收传真；如果来电是电话（或者是手动传真），应答系统在播放问候语（应答内容）及响起一声连接信号音后，开始录音，此时来电话的一方可留下口信。

（4）复印

利用传真机可以进行复印，其操作步骤如下：

① 正面朝下放入原稿。

② 按“复印”键。

③ 复印完成后，记录纸自动切断。

3. 传真机的维护

（1）传真机原稿和记录纸阻塞

如果原稿塞纸，传真机会发出“哔”的一声，而且显示屏显示“ORIGINAL JAM”（原稿阻塞）。此时应拿起话筒，打开操作面板，按压绿色放松杆，同时抽出阻塞的原稿，如图4.56所示。

如果记录纸阻塞，传真机会发出“哔”的一声，且显示“CHECK PAPER ROLL”（检查记录卷纸）。此时应打开原稿托架，拿起话筒，打开操作面板，按下“开启”键，打开纸仓盖，拉出记录纸阻塞部分，按图 4.57 所示剪掉它们，再把记录纸头放入纸出口，按压纸仓盖的左右两角紧密闭合纸仓盖，关闭操作面板。

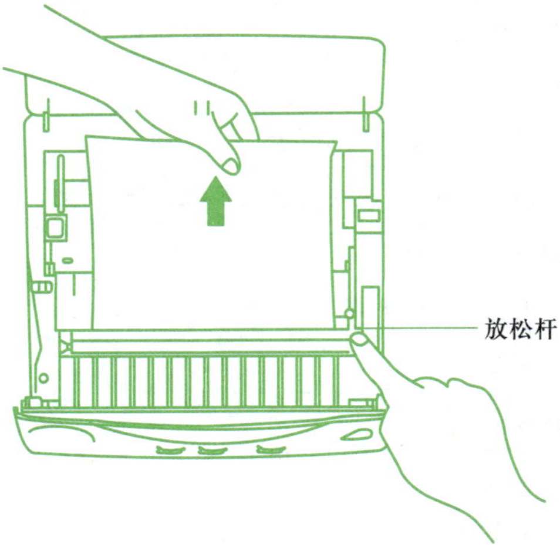

图 4.56 消除阻塞原稿

图 4.57 消除阻塞记录纸

（2）传真机常见故障及处理方法

传真机常见故障及处理方法见表 4.10。

表 4.10 传真机常见故障及处理方法

故障类别	故障现象	可能原因/处理方法
通常故障	机器不能操作	电源插头可能没有插入电源插座
	显示“CHECK PAPER ROLL”（检查记录纸轴）	记录纸可能放置不正确
		记录纸可能已用完
	原稿不能放入	原稿可能太薄或太厚
		可能有另外的原稿塞纸未清除，可打开操作面板，去掉阻塞的原稿
		可能放了超过 10 张原稿
传送故障	不能传送	原稿可能没放好
		接收方的记录纸已用完
		接收方可能设定在手动模式
		电话线被插错到 EXT. TEL 插座，而不是 LINE 插座

续表

故障类别	故障现象	可能原因/处理方法
接受故障	不能接收	传真机设定成手动方式，此时，拿起话筒，不必按“开始”键就可接收发来的传真
		电源线未连接
		热敏纸已用完
		选择接收可能设定成 ON（有效）
		电话线未接入 LINE 插座而是接入 EXT. TEL 插座
	接收复印不够黑	未使用建议的热敏纸
		发送的原稿颜色可能太淡
	接收复印空白	记录纸可能放反了
		传送的原稿可能放反了
	接收复印含有非法字符	电话线路效果太差
	记录纸上出现红线	记录纸快用完了，应更换新记录纸
	选择接收功能无效	发送机可能未采用 TTI 标准协议
电话呼叫故障	拿起话筒时，无拨号音	电话线未接好
	免提音太小	音量开关可能置于 Lower（低）位
	无振铃	振铃音量开关可能设于“OFF”（关闭）位置
	传真/电话不通	拨号模式设置错误，应检查性能开关 NO. 00
外部电话故障	不能打电话	可能正在收/发传真
	电话不振铃	可能在同一根线路上连入了太多电话机
	遥控接收无效	遥控接收性能开关 No. 08 可能设于“OFF”状态
		若从外部电话上启动的电话呼叫，遥控接收无效
来电显示故障	无来电者姓名或电话号码	可能未办理来电显示服务
应答系统故障	信息没有录入	应答系统内存已满（来电信息太多），应删除一些信息
		录音模式可能只设在应答，应把它变为 VOX（3 min 或固定 30 s）
	问候语不能录入	应答系统内存已满（来电信息太多），应删除一些信息
		正在使用电话
	遥控操作无效	可能使用的是脉冲拨号电话，应使用音频电话
		可能“*”键按错，或口令输入错误

4.7　扫描仪的使用与维护

应知应会：

1. 了解扫描仪的工作原理和技术指标。
2. 能够安装和熟练使用扫描仪。
3. 能够对扫描仪进行日常维护和保养。
4. 会对扫描仪进行简单故障排除。

扫描仪广泛应用于各类图形图像处理、出版、印刷、广告制作、办公自动化、多媒体、图文数据库、图文通信、工程图纸输入等许多领域，而且随着大力推行电子商务、电子办公等信息化政策，扫描仪在商用领域将走得更深、更远。

现在的扫描仪应用主要有：家庭使用、一般办公使用和专业使用。扫描仪种类很多，包括平板式扫描仪、名片扫描仪、底片扫描仪、馈纸式扫描仪、文件扫描仪、手持式扫描仪、鼓式扫描仪、笔式扫描仪、实物扫描仪和 3D 扫描仪。常见扫描仪外形如图 4.58 所示。

图 4.58　常见扫描仪外形

一、扫描仪工作原理和主要结构

扫描仪工作时，首先由光源将光线照在欲输入的图稿上，产生表示图像特征的反射光（反射稿）或透射光（透射稿）。光学系统采集这些光线，将其聚焦在感光器件上，由感光器件将光信号转换为电信号，然后由光电转换电路对这些信号进行模数转换及处理，产生对应的数字信号输送给计算机。

扫描仪主要由光学部分、机械传动部分和光电转换电路三部分组成。扫描仪的核心部分是完成光电转换的光电转换部件。

二、扫描仪的分类及选购

不同的领域对扫描仪的要求不同，所以要根据实际情况选好合适的扫描仪。

1. 扫描仪的分类

按照工作方式分为手持式、平板式、大型扫描仪，按照工作类型分为滚筒式、平板式、胶片式扫描仪，按照工作原理可分为光电式（CCD）、光敏式（CIS）扫描仪。

2. 扫描仪的技术指标

（1）分辨率

扫描仪的分辨率要从三个方面来确定：光学部分、硬件部分和软件部分。光学分辨率是扫描仪的光学部件在单位面积内所能捕捉到的实际的光点数；硬件分辨率是指扫描仪 CCD

（或者其他光电器件）的分辨率，也是扫描仪的真实分辨率；软件分辨率与扫描仪图像处理的方法有关，但它不代表真实分辨率。

（2）色深

色深即色彩深度，是指扫描仪对图像进行采样的数据位数，也就是扫描仪所能辨析的色彩范围。较高的色深位数可以保证扫描仪反映的图像色彩与实物的真实色彩尽可能一致，同时使图像色彩更加丰富。

（3）感光元件

扫描仪采用何种感光元件对扫描仪的性能影响也很大。扫描仪的核心部件是完成光电转换的扫描元件。目前市场上扫描仪所使用的感光元件有四种：电荷耦合元件（CCD）、接触式感光器件（CIS）、光电倍增管（PMT）和互补金属氧化物半导体器件（CMOS）。

（4）扫描速度

扫描速度可分为预扫速度和扫描速度，其中预扫速度更应引起我们的注意。这是因为扫描仪受接口（目前绝大多数扫描仪为 USB 接口）带宽的影响，通常速度差别并不大，而扫描仪在开始扫描稿件时必须通过预扫来确定稿件在扫描平台上的位置，因此预扫速度对扫描效率的影响很大。

（5）接口

扫描仪常用接口包括并口（EPP）、SCSI、IEEE 1394 和 USB 接口，目前的家用扫描仪以 USB 接口居多。USB 接口是最常见的接口，易于安装，支持热插拔。

（6）扫描幅面

扫描幅面即可扫描纸张的大小，通常有 A4、A4 加长、A3、A1、A0 等几种。一般扫描仪的扫描幅面为 A4。

三、扫描仪的安装

1. 打开扫描单元的锁扣

在连接扫描仪和计算机之前要打开扫描单元的锁扣。打开扫描单元锁扣的具体步骤如下：

① 撕下扫描仪上的封条。

② 轻轻将扫描仪翻转 90°。

③ 将锁扣开关推向有解锁标志的一侧，如图 4.59 所示。

④ 重新将扫描仪水平放置好。

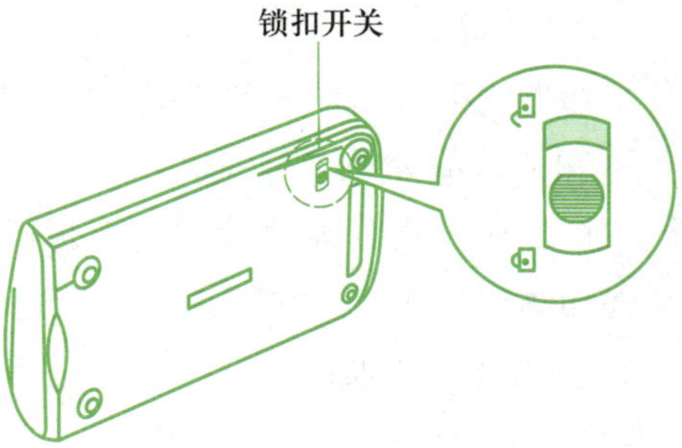

图 4.59　打开锁扣开关

2. 连接扫描仪

如果是 SCSI 接口的扫描仪，需要将计算机电源关掉，打开计算机机箱，将接口卡插好，然后盖好机箱，将数据线一端接于扫描仪接口，另一端接于计算机 SCSI 卡接口。如果是 USB 接口的扫描仪，其连接步骤如下：

① 用随机提供的 USB 接口电缆连接扫描仪与计算机，如图 4.60 所示。

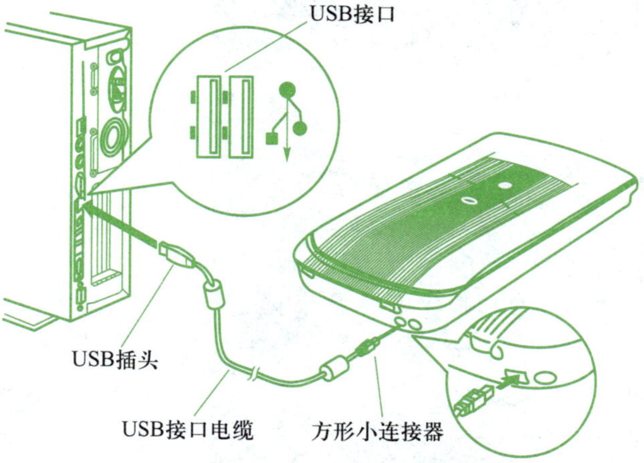

图 4.60　USB 接口扫描仪的连接

② 将随机提供的交流适配器连接到扫描仪上，如图 4.61 所示。该扫描仪无电源开关，插入 AC 适配器，扫描仪的电源即接通。

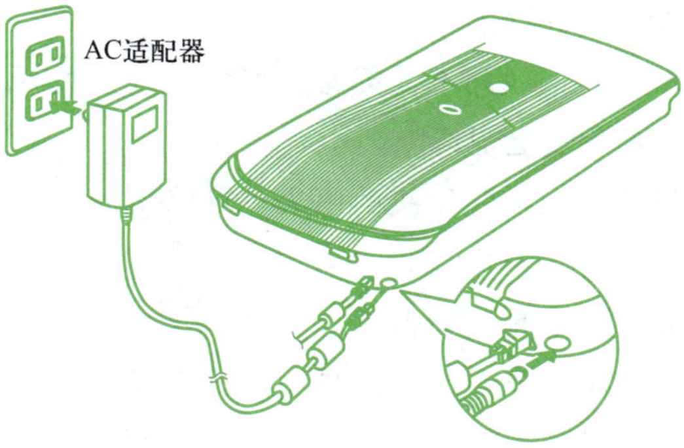

图 4.61　扫描仪电源的连接

3. 安装驱动程序

接通扫描仪的电源，启动计算机，将扫描仪的驱动程序安装盘放入光盘驱动器中，按说明书和屏幕提示完成安装。扫描仪驱动程序安装界面如图 4.62 所示。

四、扫描仪的使用

1. 扫描过程

（1）原稿的放置：扫描仪原稿的放置与复印机基本一样，正面朝下，居中放正，贴紧玻璃板，如图 4.63 所示。

（2）启动扫描软件，进行扫描预览。

（3）根据扫描预览情况，适当调整稿件的摆放位置，选择扫描区域，进行扫描保存。

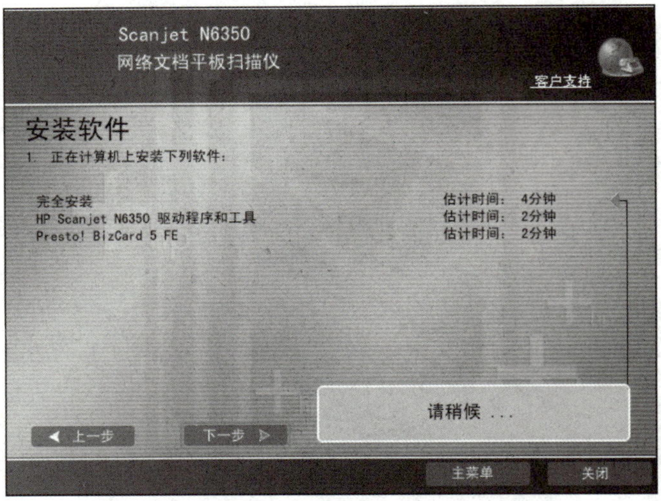

图 4.62 扫描仪驱动程序安装界面

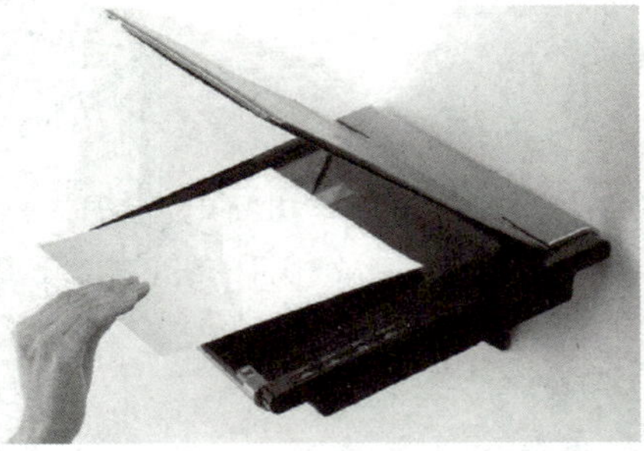

图 4.63 扫描仪稿件放置

2. 扫描注意事项

(1) 扫描仪应摆放在平整、振动较少的地方，这样步进电机运转时不会有额外的负荷，可以保证达到理想的扫描仪垂直分辨率。

(2) 务必保持扫描仪玻璃的干净和不受损害，因为它直接关系到扫描仪的扫描精度和识别率；如果上面有灰尘，应使用皮老虎清除。

(3) 要扫描的图像要摆放在扫描起始线的中央，可以最大限度地减少由于光学透镜导致的失真。

(4) 由于扫描仪的最高分辨率是由插值运算得到的，用超过扫描仪光学分辨率的精度进行扫描，对输出效果的改善并不明显，而且大量消耗计算机的资源。如果扫描的目的是为了在显示器上观看，扫描分辨率设为 100 即可；如果为打印而扫描，采用 300 的分辨率即可。

(5) 保存图像时如果选用 JPEG 格式，压缩比最好选为原图像大小的 75%～85%，因为压缩比设得过小将会严重丢失图像信息。

五、扫描仪的日常维护

(1) 定期做保洁工作。扫描仪可以说是一种对清洁度要求较高的设备，平时一定要认真做好保洁工作。扫描仪中的玻璃平板以及反光镜片、镜头，如果落上灰尘或者其他一些杂质，会使扫描仪的反射光线变弱，从而影响图片的扫描质量。为此，一定要在无尘或者灰尘尽量少的环境下使用扫描仪，用完以后，一定要用防尘罩把扫描仪遮盖起来，以防止更多的灰尘侵袭。当长时间不使用时，还要定期地对其进行清洁。在对扫描仪外壳或原稿玻璃板进行清洁时，应该用浸过清水的稍潮软布轻轻擦拭。

(2) 保护好光学部件。扫描仪的光电转换元件非常精密，光学镜头或者反射镜头的位置对扫描的质量有很大的影响。因此在工作的过程中，不要随便地改动这些光学元件的位置，同时要尽量避免对扫描仪的振动或者倾斜。

（3）不要擅自拆修。遇到扫描仪出现故障时，不要擅自拆修，一定要送到厂家或者指定的维修站去。另外大部分扫描仪带有安全锁，在运送扫描仪时，一定要把扫描仪背面的安全锁锁上，以避免改变光学元件的位置。

（4）不要经常插拔电源线与扫描仪的接头。经常插拔电源线与扫描仪的接头，会造成连接处的接触不良，导致电路不通，维修起来也十分麻烦。正确切断电源的方法是拔掉电源插座上的直插式电源变换器（即 AC 适配器）。

（5）不要中途切断电源。由于镜组在工作时运动速度比较慢，扫描一幅图像后需要一些时间从底部归位，因此在正常扫描的情况下不要中途切断电源，待扫描仪的镜组全部归位后再切断电源。

（6）不要在扫描仪上放置物品，因为这样会使扫描仪的塑料板受压变形，影响其使用。

（7）长期不使用时应切断电源。

（8）建议不要在靠窗口的位置使用扫描仪，由于扫描仪在工作中会产生静电，时间长了会吸附灰尘进入机体内部，影响镜组工作。另外，要保证使用环境的湿度，减少浮尘对扫描仪的影响。

（9）机械部分的保养。扫描仪长期使用后，要拆开盖子，用浸有缝纫机油的棉布擦拭镜组两轨道上的油垢。擦净后，再将适量的缝纫机油滴在转动的齿轮组及皮带两端的轴承上。保养之后进行装机测试，会发现噪声减小了。

4.8 投影仪的使用与维护

应知应会：

1. 了解投影仪的工作原理和技术指标。
2. 会正确使用扫描仪。
3. 能对扫描仪进行日常维护和保养。

投影仪又称投影机，是一种可以将图像或视频投射到幕布上的设备，可以通过不同的接口同计算机、VCD、DVD、BD、游戏机、DV 等相连接。由于投影仪可以达到大画面显示的效果，在现代社会中所扮演的角色越来越重要，应用领域也越来越广泛。如图 4.64 所示为投影仪外观图。

图 4.64 投影仪外观

一、投影仪工作原理

投影仪的镜头相当于一个凸透镜。光源发出的光经球面反光镜和聚光镜作用后集中射向投影底片，后经凸透镜在平面镜中形成一个倒立、放大的实像，如

图 4.65 所示。

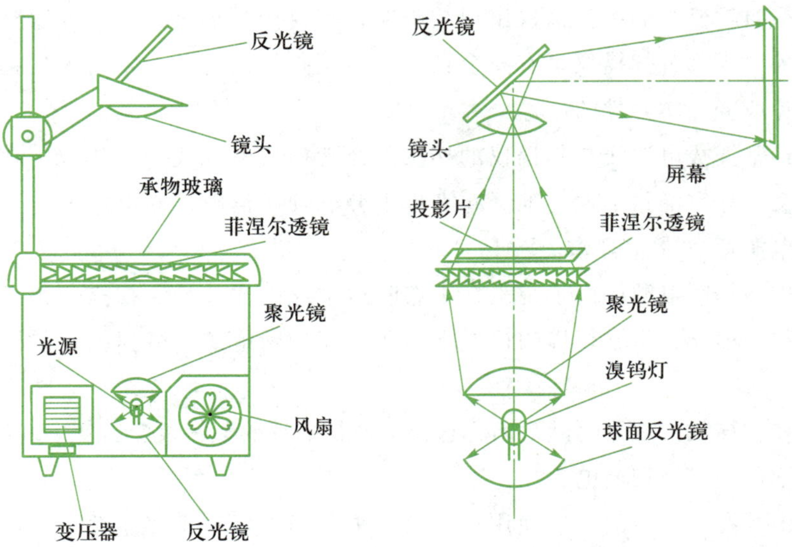

图 4.65 投影仪结构与工作原理

二、投影仪的分类及技术指标

1. 投影仪的分类

投影仪已形成三大系列：CRT 投影仪、LCD 投影仪、DLP 投影仪。

CRT 投影仪显示的图像色彩丰富，还原性好，具有丰富的几何失真调整能力；缺点是亮度很低，操作复杂，体积庞大，对安装环境要求较高，并且价格昂贵，目前已经基本被淘汰。

LCD 投影仪色彩还原较好、分辨率可达 SXGA 标准，体积小，重量轻，操作、携带极其方便，并且价格比较低廉，因此成为投影仪市场上的主要产品。

DLP 投影仪以 DMD 数字微镜作为成像器件。DLP 投影仪的技术是一种反射式投影技术，其特点是图像灰度等级提高，成像器件的总光效率大大提高，对比度非常出色，色彩锐利。由于出于成本和机身体积的考虑，目前 DLP 投影仪多半采用单片 DMD 芯片设计，所以在图像颜色的还原上比 LCD 投影仪稍逊一筹，色彩不够鲜艳生动。

另外按照应用环境的不同，投影仪分为家庭影院型投影仪、便携商务型投影仪、教育会议型投影仪、主流工程型投影仪、专业剧院型投影仪、测量投影仪；按照使用方式不同可分为台式投影仪、便携式投影仪、落地式投影仪、反射式投影仪、透射式投影仪、单一功能投影仪、多功能投影仪；按照接口类别又可分为 VGA 接口投影仪、HDMI 接口投影仪、带网口投影仪。

2. 投影仪的性能指标

投影仪主要有以下几个性能指标：

（1）光输出

光输出是指投影仪输出的光能量，单位为 lm。带有液体耦合镜头的投影仪镜头性能好，投影仪光输出也可相应提高。

（2）水平扫描频率（行频）

投影仪单位时间在水平方向的扫描次数称为水平扫描频率，视频投影仪的水平扫描频率是固定的，为 15.625 kHz（PAL 制）或 15.725 kHz（NTSC 制）。水平扫描频率是区分投影仪档次的重要指标。频率范围在 15～60 kHz 的投影仪通常称为数据投影仪。上限频率超过 60 kHz的通常称为图形投影仪。

（3）垂直扫描频率（场频）

投影仪单位时间在垂直方向扫描的次数称为垂直扫描频率，也称刷新频率，它表示图像刷新的频率。垂直扫描频率一般不低于 50 Hz，否则图像会有闪烁感。

（4）视频带宽

投影仪的视频通道总的频带宽度是指在视频信号振幅下降至 0.707 倍时，对应的信号上限频率。

（5）分辨率

投影仪分辨率有可寻址分辨率、RGB 分辨率、视频分辨率三种。对 CRT 投影仪来说，可寻址分辨率是指投影管可分辨的最高像素，它主要由投影管的聚焦性能所决定，是投影管质量指标的一个重要参数。RGB 分辨率是指投影仪在接 RGB 分辨率视频信号时可投影的最高像素，如分辨率为 1 024×768，表示水平分辨率为 1 024，垂直分辨率为 768，RGB 分辨率与水平扫描频率、垂直扫描频率及视频带宽均有关。视频分辨率是指投影仪在显示复合视频时的最高分辨率。

（6）CRT 管的聚焦性能

图形的最小单元是像素。像素越小，图形分辨率越高。CRT 管的最小像素是由聚焦性能决定的，CRT 管的聚焦机制有静电聚焦、磁聚焦和电磁复合聚焦三种，其中以电磁复合聚焦较为先进，其优点是聚焦性能好，且聚焦精度高，可以进行分区域聚焦、边缘聚焦、四角聚焦，从而可以做到画面上每一点都很清晰。

（7）会聚

会聚是指 RGB 三种颜色在屏幕上的重合，要想做到图像完全会聚，必须对图像各种失真均能校正。机器位置的变化，会聚也要重新调整，因此对会聚的要求，一是全功能，二是方便快捷。

根据以上技术指标分析，选购投影仪时需要综合考虑使用方式、投影面积、亮度、重量、分辨率等几方面的要求。

三、投影仪的使用

由于投影仪是一种精密电子产品，它集机械、电子技术于一体。使用过程中应该注意以下事项：

① 投影仪所使用的电源必须是带有可靠接地的三相电源；在插拔电源插头时，要使投影仪电源处于关闭状态。

② 关机时，一定要先关机呈等待状态，等风扇停转后再关掉电源开关，这一点对保护投影仪特别重要。

③ 尽量减少开关次数，因为开机的冲击电流会影响灯泡的寿命。另外，关机后应等待5 min以上才能再次开机操作。

④ 投影仪在使用数小时后机内温度很高，所以在使用过程中不要随意搬动。

⑤ 使用中要注意让投影仪有良好的通风散热条件。

⑥ 使用过程中，“TEMP”指示灯变红，表示投影仪过热；“LAMP”指示灯变红可能是灯泡过热，以上两种情况下都应停机，待风扇停转后，关掉电源，使其冷却，并检查通风散热情况。如果通风散热良好，等投影仪充分冷却后（约 20 min），再开机使用。如果重新开机后，“LAMP”指示灯很快又亮，可能是灯泡老化，应进一步检查灯泡。

⑦ 投影仪上亮度调节已经调到最大，投影图像仍很暗，或是使用中“LAMP”指示灯变亮，可能是灯泡使用时间过长，需要更换新灯泡。可用遥控器上的“TIMER”键来检查灯泡已使用的时间，检查方法是：在投影仪开机情况下，连续按住“TIMER”键 2 s，在投影仪下方会显示出灯泡已经使用的时间。正常情况下，灯泡可使用 2 000 h，此后，投影图像将无法满足亮度要求，应考虑更换灯泡。

⑧ 使用过程中，投影仪会出现自我保护状态。这时投影仪电源无论是开是关，投影仪都将处于关机状态，所有键都不起作用。过一段时间后（约 30 min）再开机工作，一切将恢复正常。

⑨ 避免投影仪镜头直对太阳，以免损坏其内部光学系统。

四、投影仪的维护

（1）在机械方面，应严防强烈的冲撞、挤压和振动。因为振动会造成液晶片的位移，影响放映时会聚性能，出现 RGB 颜色不重合的现象，而光学系统中的透镜、反射镜也会因为振动产生变形或损坏，影响图像投影效果，而变焦镜头在冲击下会使轨道损坏，造成镜头卡死，甚至镜头破裂无法使用。

（2）在光学系统方面，应注意使用环境的防尘和通风散热。现在使用的多晶硅 LCD 板一般厚度只有 1.3 in，有的甚至只有 0.9 in，而分辨率已达 1 024×768 或 800×600，也就是说每个像素尺寸只有 0.02 mm，灰尘颗粒足够把它阻挡。而由于投影仪 LCD 板充分散热一般都用专门的风扇其进行送风冷却，高速气流经过滤尘网后还有可能夹带微小尘粒，它们相互摩擦产生静电而吸附于散热系统中，这将对投影画面产生影响。因此，在投影仪使用环境中防尘非常重要，一定要严禁吸烟，因烟尘微粒更容易吸附在光学系统中，并且要经常或定期清洗进风口处的滤尘网。

多晶硅 LCD 板都比较怕高温，较新的机型在 LCD 板附近都装有温度传感器，当进风口及滤尘网被堵塞，气流不畅时，投影仪内温度会迅速升高，这时温度传感器会报警并立即切断灯源电路。所以，保持进风口的畅通，及时清洁过滤网十分必要。

吊顶安装的投影仪，要保证房间上部空间的通风散热。

（3）在灯源方面，大部分投影仪使用金属卤素灯，在点亮状态时，灯泡两端电压在60~80 V，灯泡内气体压力很大，温度高于1 000℃，灯丝处于半熔状态。因此，在开机状态下严禁振动、搬移投影仪，防止灯泡炸裂，停止使用后不能马上断开电源，要让机器散热完成后自动停机。另外，减少开关机次数对灯泡寿命有益。

（4）在电路方面，严禁带电插拔电缆，信号源与投影仪电源最好同时接地。这是由于当投影仪与信号源（如PC）连接的是不同电源时，两个中性线之间可能存在较高的电位差。当用户带电插拔信号线或其他电路时，会在插头插座之间发生打火现象，损坏信号输入电路，由此造成严重后果。

投影仪在使用时，有些用户要求信号源和投影仪之间有较大距离，如吊装的投影仪一般都距信号源15 m以上，这时相应信号电缆必须延长。由此会造成输入投影仪的信号发投影仪生衰减，投影出的画面会发生模糊拖尾甚至抖动的现象。这不是投影仪发生故障，也不会损坏机器。

知识测评

一、填空题

1. 现代办公设备基本上可分为________、________、________、________、________五类。
2. 办公自动化设备的发展趋势为________、________、________、________。
3. 计算机系统由________和________两部分组成。
4. 避免计算机病毒破坏的最好方法是________。
5. 衡量打印质量最重要的指标是________。
6. 打印速度用________来衡量。
7. 按复印速度分类，复印机可分为________、________和________三种档次。
8. 和打印机一样，数码复印机的________是最重要的技术指标。
9. ________是复印操作的第一个步骤。
10. 多功能一体机至少具备________、________、________、________等四项功能中两项以上。
11. 电话机型号由________、________、________、________四部分组成。
12. ________用于传输有灰度的黑白或彩色相片（底片）和图片。
13. ________用于传输整版的报纸和新闻资料。
14. 扫描仪主要由________、________和________三部分组成。
15. 扫描仪稿件放置应该________向下。
16. 扫描仪扫描速度可分为________和________。

17. 投影仪自问世以来发展至今已形成________、________、________三大系列。

18. 选购投影仪时需要综合考虑________、________、________、________、________等几方面的要求。

二、简答题

1. 构成办公自动化系统的硬件配置有哪些？

2. 你经常使用哪些种类的个人计算机？它们的使用特点有哪些？

3. 简单描述安装操作系统过程和注意事项。

4. 用什么方法能够最大限度地限制计算机病毒？

5. 目前常见的打印机有哪几类？各有什么特点？

6. 更换打印机色带和墨盒时应注意哪些问题？

7. 喷墨打印机是否使用专用墨盒？

8. 有人说“激光打印机只要能产生激光，不需要墨粉就可以完成打印工作”。对吗？

9. 复印机所使用的复印纸是否一定采用涂有药膜的专用纸？

10. 举例说明电话机型号含义。

11. 按拨号方式分类，有哪几种电话机？

12. 传真机的作用是什么？

13. 什么是传真机自动接收传真模式？

14. 什么是传真机手动接收传真模式？

15. 扫描仪的技术指标包括哪几种？

16. 如何打开扫描单元锁扣？

17. 投影仪按照不同分类方式，各包括哪几种？

18. 投影仪的性能指标包括哪几方面？

19. 通信技术的发展对办公自动化系统的影响有哪些？

· 参考文献 ·

[1] 邵成明. 日用电器的选购和使用指南 [M]. 北京：中国科学技术出版社，1998.
[2] 凌力. 跨世纪的日用电器 [M]. 上海：复旦大学出版社，1999.
[3] 张晓明. 日用电器原理与维修 [M]. 北京：电子工业出版社，1999.
[4] 苏孟普. 日用电器质量鉴别与选购 [M]. 北京：兵器工业出版社，1998.
[5] 黄玉彪，郭林林. DVD 原理与应用 [M]. 北京：北京工业大学出版社，1999.
[6] 王锡忠，隋文红，张华宗. 家庭音响与家庭影院 [M]. 北京：机械工业出版社，1998.
[7] 同志人创作室. 新潮家电用户 666 问 [M]. 北京：机械工业出版社，1998.
[8] 朱仁龙. 家电使用大全 [M]. 上海：上海科学技术文献出版社，1995.
[9] 金继才. 现代音像技术应用大全 [M]. 合肥：安徽科学技术出版社，1998.
[10] 钟光明. 光盘播放机原理与维修大全 [M]. 北京：高等教育出版社，2000.
[11] 刘思扬. 传真机原理 · 使用与维护 [M]. 北京：高等教育出版社，1997.

读者意见反馈

为收集对教材的意见建议，进一步完善教材编写并做好服务工作，读者可将对本教材的意见建议通过如下渠道反馈至我社。

咨询电话　400-810-0598

反馈邮箱　zz_dzyj@pub.hep.cn

通信地址　北京市朝阳区惠新东街4号富盛大厦1座

高等教育出版社总编辑办公室

邮政编码　100029